Pickover · Dr. Googols wundersame Welt der Zahlen

Clifford A. Pickover

Dr. Googols wundersame Welt der Zahlen

Aus dem Amerikanischen von
Guido Kurth

Diederichs

Die Originalausgabe erschien 2001 unter dem Titel
Wonders of numbers – Adventures in Mathematics, Mind, and Meaning
bei Oxford University Press, New York

Die Deutsche Bibliothek – CIP-Einheitsaufnahme
Pickover, Clifford A.:
Dr. Googols wundersame Welt der Zahlen / Clifford A. Pickover.
Aus dem Amerikan. von Guido Kurth. – Kreuzlingen ; München :
Hugendubel, 2002
(Diederichs)
Einheitssacht.: Wonders of numbers <dt.>
ISBN 3-7205-2309-8

© Clifford A. Pickover, 2001
© der deutschsprachigen Ausgabe Heinrich Hugendubel Verlag,
Kreuzlingen/München 2002
Alle Rechte vorbehalten

Umschlaggestaltung: Zembsch' Werkstatt, München,
unter Verwendung eines Fotos von Superstock, München
Produktion: Maximiliane Seidl
Satz: EDV-Fotosatz Huber/Verlagsservice G. Pfeifer, Germering
Druck: GGP Media, Pößneck
Printed in Germany

ISBN 3-7205-2309-8

Inhalt

Vorwort 9
Danksagungen 10
Einige biografische Anmerkungen zu Dr. Googol 12
Einleitung 15

Teil I
Seltsame Fragen und schnelle Gedanken

1 Die Attacke der Amateure 25
2 Der ultimative Bibelcode 33
3 Die Mathematik des Spinnennetzes 35
4 Des Wegs kam 'ne Spinne 38
5 Amors Pfeile 40
6 Geheimnisvolle Quadrate 42
7 Die Flötenspieler von Papua 43
8 Interview mit einer Zahl 52
9 Hartnäckige Zahlen 54

Teil II
Verschrobene Fragen, sonderbare Listen und spitzfindige Kommentare

10 Was wäre, wenn wir Botschaften von den Sternen
   erhielten? 59
11 Eine Rangliste der fünf verschrobensten Mathematiker,
   die je gelebt haben 65

12 Eine Rangliste der zehn einflussreichsten Mathematiker, die je gelebt haben 71
13 Die zehn mathematischen Formeln, die die Welt verändert haben 79

Teil III
Verteufelt vertrackte Zahlenzaubereien

14 Hagelschlag-Zahlen 89
15 Die unglaubliche Jagd nach zweifach glatt undulierenden natürlichen Zahlen 94
16 Vom Schönen, der Symmetrie und den Pascalschen Dreiecken 97
17 Mordnilap-Zahlen 103
18 Gefangen im Hyperraum 107
19 Dreieckszahlen 111
20 Eine Zahl für die X-Akten 116
21 Eine Heuschreckenplage 119
22 In Herrn Fibonaccis Nachbarschaft 122
23 73939133 126
24 Die ⋃-Zahlen von Los Alamos 127
25 Erzeugende Zahlen ℌ 130
26 Parasiten-Zahlen 134
27 Außerirdische Zuchtversuche 137
28 Schizophrene Zahlen 143
29 Vollkommene, befreundete und erhabene Zahlen 146
30 Primzahlzyklen und ⊣ 153
31 Karten, Frösche und fraktale Folgen 155

Teil IV
Die peruanische Sammlung

32 Die Schachtel vom Nevado de Huascarán 165
33 Ein intergalaktischer Zoo 167
34 Ein Hummerverkäufer aus Lima 169
35 Die Tafel der Inkas 171
36 Das Smaragdgambit 173
37 Yin oder Yang 175
38 Verrückte Symmetrie 177
39 Der Monolith von Madre de Dios 180
40 3 bizarre Rätsel mit der 3 182

**Lösungen, Erklärungen
und weitere Ausführungen** 185

Literatur 247

Register 251

Zum Autor 253

Wir sind in der Situation eines kleinen Kindes,
das eine riesige Bibliothek betritt, deren Wände bis zur Decke
mit Büchern in den verschiedensten Sprachen zugestellt sind.
Das Kind versteht zwar nicht die Sprachen,
in denen die Bücher geschrieben sind. Aber es bemerkt einen
klaren Plan in der Anordnung der Bücher, eine verborgene Ordnung,
die es zwar nicht zu analysieren versteht, dennoch aber dunkel erfasst.

Albert Einstein

Freude ist eine der stärksten menschlichen Antriebskräfte.
Obwohl einige Mathematiker die Arbeiten von Kollegen manchmal
mit dem Attribut „entspannend" herabzuwürdigen versuchen,
ist doch ein großer Anteil ernst zu nehmender Mathematik aus solchen
„Entspannungsübungen" erwachsen, die die mathematische Logik
an ihre Grenzen führen und neue mathematische Wahrheiten
ans Tageslicht fördern.

Ivars Peterson, Inseln der Wahrheit

Die Hauptaufgabe des Mathematikers besteht darin,
uns neue Meere des Geistes zu erschließen, indem er uns in tieferes
Fahrwasser leitet und den Horizont in weitere Ferne rücken.

Dr. Francis O. Googol

Vorwort

Dieses Buch ist nicht einer Person gewidmet, sondern einer netten kleinen mathematischen Figur: dem Apokalyptischen Magischen Quadrat – ein ziemlich bizarres magisches Quadrat mit 36 Ziffern in 6 Zeilen und Spalten angeordnet, in dem alle auftretenden Ziffern Primzahlen sind (also nur durch sich selbst oder durch 1 teilbar sind) und die Summen einer jeden Zeile, einer jeden Spalte und der beiden Diagonalen jeweils die Zahl des Tieres ergeben – 666.

3	107	5	131	109	311
7	331	193	11	83	41
103	53	71	89	151	199
113	61	97	197	167	31
367	13	173	59	17	37
73	101	127	179	139	47

Danksagung von Clifford A. Pickover

Der schon legendär zu nennende Mathematiker Dr. Francis O. Googol lebt zurzeit auf einer kleinen Insel an der Küste von Sri Lanka. Da er es vorzieht, in aller Ruhe und Zurückgezogenheit seinen Forschungen nachzugehen, hat er mir erlaubt, meinen Namen als Autor anzugeben. In der Vergangenheit habe ich regelmäßig mit Dr. Googol zusammengearbeitet und auch sein Werk herausgegeben. Dr. Googol kann über meine Postadresse erreicht werden und Sie können mehr über ihn und sein ungewöhnliches Leben erfahren, wenn Sie „Einige biographische Anmerkungen zu Dr. Googol" lesen, das sich diesem Kapitel anschließt. Dr. Googol macht auch keinen Hehl daraus, einige meiner Veröffentlichungen, Bücher, Vorlesungen oder Patente als Steinbruch für seine Ideen zu benützen, wobei er sie durch kluge Kommentare und scharfe Einsichten und eine lockere Präsentation aufpoliert hat.

Danksagung von Dr. Francis Googol

Martin Gardner und Ian Stewart, diese beiden schillernden Sterne am Firmament der unterhaltsamen Seite der Mathematik, waren allzeit eine stete Quelle der Inspiration. Martin Gardner, der gleichzeitig Mathematiker, Journalist, Humorist,

Rationalist und eine sehr produktiver Autor ist, verblüfft die Welt immer wieder damit, dass er es schafft, zahllose Menschen für Mathematik zu begeistern und sie zu einer intensiven Beschäftigung mit ihr zu verführen.

Aber auch andere waren daran beteiligt, mich immer wieder intellektuell anzuregen: Arthur C. Clarke, J. Clint Sprott, Ivars Peterson, Paul Hoffman, Theoni Pappas, Douglas Hofstadter, Charles Ashbacher, Dorian Devin, Rudy Rucker, John Conway, Jack Cohen sowie Isaac und Janet Asimov.

Zu danken habe ich aber auch Brian Mansfield für seine kreativen Ratschläge und seine Unterstützung. Einmal abgesehen von der Tatsache, dass er für die meisten Darstellungen und Zeichnungen zu den Rätseln in diesem Buch verantwortlich ist, hat er auch die Mühe auf sich genommen, Cartoons meiner Person zu zeichnen, die auf einigen sehr raren Fotos von mir aus meinem privaten Archiv beruhen. Auch habe ich Kevin Brown, Olivier Gerard, Dennis Gordon, Robert E. Stong und Carl Speare für ihren Rat und ihre Unterstützung zu danken.

Auch darf nicht unerwähnt bleiben, wie hilfreich das von Dr. John J. O'Connor und Professor Edmund F. Robertson (School of Mathematics and Statistics, University of St. Andrews, Schottland) entwickelte „MacTutort History of Mathematics Archive" unter http://www-history.mcs.st-andrews.ac.uk/history/index.html gewesen ist. Diese Website erlaubt den Nutzern, biographische Daten zu mehr als 1300 Mathematikern abzufragen, und ich konnte regen Gebrauch von ihr machen, um die für die Kapitel 12 benötigten Informationen zusammenzustellen.

Einige biografische Anmerkungen zu Dr. Googol

Das Geburtsdatum von Dr. Francis Googol ist nicht bekannt. Er soll aber in London geboren sein und als Mathematiker, Weltenbummler und Erfinder tätig gewesen sein. Als sehr produktiver Autor von mehr als 300 Veröffentlichungen erreichte er einen gewissen Bekanntheitsgrad durch sein Buch „Zahlenwahn", in dem er behauptete, dass schon die Neandertaler eine Frühform der Differentialrechnung entwickelt hätten. Er leistete grundlegende Forschungsarbeiten auf dem Gebiet der Parabeln und der Statistik und wurde im Jahre 1998 zum Ritter geschlagen. Dr. Googol ist ein eher pragmatischer Wissenschaftler, der seine Theorien immer mit Gerätschaften zu überprüfen versucht, die er eigens zu diesem Zweck entwirft und baut.

In letzter Zeit hat Dr. Googol eine nahezu obsessive Vorliebe dafür entwickelt, alles und jedes zu zählen – von der Anzahl der Körperkurven der Frauen bis hin zu den Pinselstrichen, die notwendig waren, sein Porträt zu malen. Es wird sogar gemunkelt, dass Dr. Googol versucht haben soll, anonym ein Papier bei „Nature" einzureichen, in dem er die Länge eines Seiles berechnet hat, die notwendig ist, um das Genick eines Todeskandidaten zu brechen, ohne ihn gleichzeitig zu enthaupten. Kurz, Dr. Googol ist besessen von der Idee, dass alles und jedes gezählt werden kann, dass immer und überall Korrelationen auf-

gestellt werden können und dass überall verborgene Muster existieren. Der ehemalige Präsident der Geographic Society, Clemens Markham, drückte es einmal so aus: „Sein Verstand arbeitet ausschließlich mathematisch und statistisch und ohne einen Funken Fantasie."
Nach seinem Motto befragt, antwortete Dr. Googol: „Reise und betreibe Mathematik!"

Francis Googol, einer der Ur-Ur-Ur-Enkel von Charles Darwin, wurde als Spross einer Quäkerfamilie geboren, die durch Bank- und Waffengeschäfte zu Reichtum gelangte. Er verbrachte eine glückliche Kindheit und seine Mutter Violetta wurde sogar 91 Jahre alt; fast alle ihre Kinder erreichten die Neunzigergrenze oder die hohen Achtziger. Vielleicht liegt in dieser Langlebigkeit seiner Verwandtschaft der Grund für Dr. Googols hohes Alter verborgen.

Als er geboren wurde, musste sich hauptsächlich seine 13-jährige Schwester Elisabeth um ihn kümmern. Sie stellte sein Kinderbett in ihr Zimmer und brachte ihm alles über Zahlen bei, was dazu führte, dass er zählen konnte, bevor er sprechen konnte. Er fing sogar an zu heulen, wenn sich keine Zahlen in Sichtweite befanden.

Als Erwachsener wurde er zusehends von dem Leben in England gelangweilt und entwickelte das Bedürfnis, die weite Welt kennen zu lernen. „Ich spürte ein unbändiges Verlangen zu reisen", sagte er einmal, „wie ich auch sonst alles dafür tat, Abenteuer zu erleben." Und so begab er sich auf eine zermürbende Odyssee der Selbstverwirklichung und Selbstfindung; seine Biografie liest sich in dieser Phase eher wie Pirsigs „Zen und die Kunst ein Motorrad zu warten" oder Simons „Jupiters Reisen", als die eines mathematischen Genies. Googols Lebensstil ähnelte dem einer Achterbahnfahrt durch einige der verstörendsten physischen und psychischen Gebiete: Erforschung feministischer Mönchsorden in Katmandu, Kamelritte durch die ägyptische Wüste, todesverachtende Expeditionen im tansanischen Dschungel... Jeder, der von seinen Reisen hört, wird von den Beschreibungen der fremden Plätze und Menschen in seinen Bann gezogen, von seiner Fähigkeit, scheinbar Widersprüchliches zu vereinen, von seinem Humor und seiner Auffassungsgabe, vor allem aber von seiner Einsicht, dass man, um diese Welt verstehen zu können, verletzlich sein muss, um so selbst aus den Erfahrungen lernen und sich selbst ändern zu können.

Einleitung

Ein Fisch, zwei Fische und mehr ...

Der Ärger mit den ganzen Zahlen ist, dass wir uns bisher nur mit den kleinen beschäftigt haben. Und vielleicht passieren die wirklich interessanten Dinge ja erst bei den großen Zahlen, bei denen, die wir weder erforschen noch in irgendeiner Art und Weise erfassen können. Und vielleicht sind die wirklich interessanten Sachen nicht zugänglich, und wir spielen einfach nur ein bisschen herum. Unser Gehirn dient größtenteils dazu, uns bei Regen ins Trockene zu retten, Beeren zu finden und uns davor zu bewahren, getötet zu werden. Es hatte aber nie die Aufgabe, sehr große Zahlen zu erfassen oder Strukturen zu verstehen, die Hunderte oder Tausende von Dimensionen besitzen.

Ronald Graham

Die Mathematik, ins rechte Licht gerückt, ist nicht nur im Besitz der Wahrheit, sondern weist auch eine außerordentliche Schönheit auf – eine Schönheit, kalt und streng, wie die einer Skulptur.

Bertrand Russell, Mystik und Logik, 1918

Die Basis der Mathematik sind die ganzen Zahlen.

Herman Minkowski

Dr. Googol liebt die Zahlen. Alle möglichen Zahlen. Große, wie zum Beispiel 1 000 000. Und kleine wie 2 oder 3. In diesem Buch werden Sie viel öfter auf ganze Zahlen als auf Brüche wie

$^1/_2$, trigonometrische Funktionen wie den Sinus oder komplizierte, lang gezogene Zahlen wie $\pi = 3{,}1415926\ldots$ treffen. Ihn faszinieren hauptsächlich die ganzen Zahlen.

Dr. Googol, der weltberühmte Forscher und brillante Mathematiker, ist sich schon dessen bewusst, wie verrückt Ihnen seine Besessenheit in Bezug auf ganze Zahlen erscheinen muss, aber die ganzen Zahlen leisten außerordentliche Dienste bei der Analyse von Raum und Zeit. Über diese Zahlen nachzudenken erweitert den intellektuellen Horizont und die Vorstellungskraft, und die Nützlichkeit dieser Zahlen zeigt sich darin, dass wir durch sie erst in die Lage versetzt wurden, Raumschiffe zu bauen oder die Struktur des Universums zu erforschen. Und – Zahlen werden wohl die ersten Botschaften sein, die wir mit intelligenten außerirdischen Lebewesen austauschen werden.

Die Völker des Altertums, die Griechen zum Beispiel, waren von Zahlen fasziniert. Könnte es daran gelegen haben, dass in Krisenzeiten die Zahlen wohl das einzig Verlässliche in einer ansonsten sich stets verändernden Welt waren? Für die Pythagoreer, eine griechischen Sekte, waren Zahlen greifbare, unveränderliche, beruhigende und immer währende Wesenheiten – zuverlässiger als jeder Freund und gleichzeitig weniger Furcht einflößend als Zeus.

Die seltsamen, abwegigen und auch unterhaltsamen Probleme, mit denen Sie in diesem Buch konfrontiert werden, sollten selbst die sehr auf die linke Gehirnhälfte fixierten Leserinnen dazu verführen können, sich in Zahlen zu verlieben. Die sonderbaren und prägnanten biografischen Abrisse zum Leben einiger Mathematiker, die Skandale und Leidenschaften sollten ebenfalls viele Menschen ansprechen, auch wenn sie keine professionellen Mathematiker sind. Dieses Buch konzentriert sich auf die Kreativität, Entdeckungslust und den intellektuellen Ehrgeiz der Leser. Die Teile 1 und 4 sollen hauptsächlich der kurzweiligen Unterhaltung dienen und sind auch von Anfängern leicht zu bewältigen. Der zweite Teil soll zu Diskussionen anregen, sei es im Klassenzimmer, bei einer Party oder in entsprechenden Chat-Rooms im Internet. Der dritte Teil hingegen wartet mit Problemen auf, die schon ein wenig mehr mathematisches Verständnis und Fertigkeiten verlangen.

Wenn Dr. Googol mit seinen Studenten über die Zahlen in diesem Buch redet, sind sie immer wieder erstaunt, wie leicht sich selbst heute noch mathematisch-nummerische Rekorde aufstellen lassen oder auch neue Entdeckungen mit Hilfe eines einfachen PCs gemacht werden können. Und trotzdem können die meisten Ideen immer noch nur mit Papier und Bleistift formuliert und ausgearbeitet werden.

Die Zahlentheorie – die Erforschung der Eigenschaften ganzer Zahlen – ist eine sehr alte Disziplin. Ältere Ausarbeitungen stecken voller Mystizismus; so versuchten zum Beispiel die Pythagoreer viele Phänomene dieser Welt durch ganze Zahlen zu erklären. Vor ein paar Jahrhunderten noch mussten alle Studenten Kurse in Numerologie – dem Studium der mystischen und religiösen Eigenschaften von Zahlen – belegen, und selbst heute noch können Zahlen wie 13, 7 oder 666 starke emotionale Reaktionen bei bestimmten Menschen hervorrufen. Heute ist die Arithmetik ganzer Zahlen für einen weiten Bereich menschlicher Tätigkeiten von Bedeutung, da sie wesentlich zum Fortschritt in den Naturwissenschaften beigetragen hat. (Eine detaillierte Auflistung der Anwendung der Zahlentheorie in den Kommunikationstechniken, der Computerwissenschaft, der Kryptographie, der Physik, der Biologie und selbst der Kunst findet sich in Manfred Schroeders Buch „Number Theory in Science and Communications".)

Eine der hartnäckigsten Sünden der Mathematiker liegt in ihrem Bestreben nach Vollständigkeit – dem Verlangen, alles auf grundlegende Prinzipien zurückführen zu müssen. Dagegen müssen sich interessierte Leser erst einmal durch Seiten von Vorbemerkungen und notwendigen Voraussetzungen kämpfen, bis sie zum Kern eines Problems gelangen. Um nicht demselben Fehler zu verfallen, sind die einzelnen Kapitel dieses Buches entsprechend kurz gehalten. Wollen Sie beispielsweise etwas über undulierende Zahlen wissen? Schlagen Sie **Kapitel 15** auf und schon finden Sie auf wenigen Seiten einen kurzen Überblick und einige knifflige Aufgaben. Oder Interesse an Fibonacci-Zahlen? Einfach **Kapitel 22** aufschlagen. Was sind die aktuellsten Anwendungsgebiete von fraktalen Geometrien? Im Anhang zu **Kapitel 16** steht's! So verschaffen Sie sich schnell einen Überblick über die Biografien, Probleme, mathematischen Spielereien und die anstehenden Fragen.

Ein Vorteil dieser Aufteilung liegt darin, dass Sie sich ohne viel Aufhebens auf die Anwendung stürzen und Ihren Spaß haben können, ohne sich vorher durch allzu viel überflüssiges Zeug kämpfen zu müssen. Dieses Buch ist nämlich nicht mit dem Ziel geschrieben worden, Mathematiker, die nach strengen mathematischen Beweisen suchen, zufrieden zu stellen. Auf diesen wenigen Seiten kann Dr. Googol eben nicht zu tief in die Materie eintauchen. So werden Sie auch nicht zu sehr mit dem historischen Kontext der Probleme oder mit ellenlangen Diskussionen konfrontiert. Sollten die einzelnen Kapitel Ihr Interesse geweckt haben, so wird Ihnen Gelegenheit gegeben, sich in den entsprechenden Anhängen und Literaturhinweisen mit weiterführenden Erläuterungen und Anregungen auseinander zu setzen.

Natürlich ist die Auswahl der Themen für dieses Buch irgendwie willkürlich, obschon sie eine Einführung in einige der wohl bekannten und ungewöhnlichen Probleme der Zahlentheorie und der spielerischen Mathematik darstellen. Des Weiteren spiegeln sie die Gebiete wider, auf denen Dr. Googol selbst geforscht hat und über die er sich mit vielen Lesern rege ausgetauscht hat. Einige der hier behandelten Fragen sind für eine breitere Klasse von Problemen typisch und damit auch für die moderne Mathematik von Interesse. Einige Sachverhalte werden mehrfach erklärt, um den Lesern die Möglichkeit zu geben, sich beliebige Kapitel herauszupicken, ohne auf notwendiges Vorwissen aus vorangehenden Kapiteln zurückgreifen zu müssen. Die Kapitel selbst haben unterschiedlichen Schwierigkeitsgrade, so dass Sie sich die heraussuchen können, die Ihnen zusagen.

Warum sich aber überhaupt mit ganzen Zahlen abplagen? Der brillante Mathematiker Paul Erdös war von der Zahlentheorie besessen und von der Tatsache fasziniert, dass er mit nur einigen wenigen Worten Probleme zu ganzen Zahlen formulieren konnte, die aber außerordentlich schwierig zu lösen waren. Erdös glaubte, wenn jemand in der Lage ist, ein mathematisches Problem zu formulieren, das über hundert Jahre alt ist und noch nicht gelöst wurde, dann müsse es eines aus der Zahlentheorie sein. Auch scheint eine spezielle Harmonie in der Welt zu existieren, die sich durch ganze Zahlen ausdrücken lässt. Numerische Muster beschreiben zum Beispiel die Anordnung der Blütenblätter eines Gänseblümchens, die Fortpflanzungsrate von Kaninchen, die Umlaufbahnen der Planeten, die Harmonien in der Musik und die Beziehungen zwischen den einzelnen Elementen im Periodensystem. Leopold Kronecker (1823–1891), ein deutscher Algebraiker und Zahlentheoretiker, sagte einmal: „Die ganzen Zahlen hat der liebe Gott gemacht, alles andere ist Menschenwerk." Damit wollte er zum Ausdruck bringen, dass die ganzen Zahlen die Basis der gesamten Mathematik bilden. Schon zu Zeiten des Pythagoras wurde die wichtige Rolle, die die ganzen Zahlen bei den Tonleitern spielen, weithin akzeptiert.

Wichtiger noch, ganze Zahlen waren zentral bei der Entwicklung der Wissenschaften. So entdeckte zum Beispiel der französische Chemiker Antoine Laurent de Lavoisier im 18. Jahrhundert, dass chemische Verbindungen durch die Kombination bestimmter Anteile der sie bildenden Elemente ausgedrückt werden können, bei denen es sich um die Brüche kleiner ganzer Zahlen handelt. Dies wurde als erster sehr bedeutender Nachweis für die Existenz von Atomen gedeutet. Im Jahr 1925 gaben bestimmte ganzzahlige Verhältnisse zwischen den Wellenlängen der Spektrallinien, die von angeregten Atomen ausgestrahlt wurden, erste Hinweise zur Struktur der Atome. Und die nahezu ganzzahligen Verhältnisse der spezifischen Gewichte wurden als Bestätigung interpretiert, dass der Atomkern selbst aus einer ganzzahligen Anzahl ähnlicher Elementarteilchen (Protonen und Neutronen) zusammengesetzt sein muss. Die Abweichungen von diesen ganzzahligen Verhältnissen führten zur Entdeckung der Isotope (Varianten ein und desselben Elements, die zwar die gleiche Anzahl an Protonen aufweisen, deren Neutronenzahl sich aber unterscheidet; dadurch weisen sie zwar nahezu gleiche chemische Eigenschaften auf, unterscheiden sich aber in ihren Stabilitätseigenschaften, so dass Isotope oberhalb der Ordnungszahl 83 nur noch als radioaktive Isotope vorkommen.). Kleine Abweichungen der Isotopengewichte von ganzzahligen Werten lieferten die Bestätigung für Einsteins berühmteste Gleichung $E = mc^2$ und öffneten das Tor zum Bau der Atombombe. Ganze Zahlen finden sich überall in der Elementarteilchenphysik. Ganzzahlige Beziehungen sind das grundlegende Element in der mathematischen Webstruktur – oder, wie der deutsche Mathematiker Carl Friedrich Gauß sagte: „Die Mathematik ist die Königin der Wissenschaften – und die Zahlentheorie ist die Herrscherin der Mathematik."

Bereiten Sie sich auf eine seltsame Reise vor, wenn Sie in die **Welt der Zahlenwunder** eintauchen und sich die Türen Ihrer Vorstellungswelt öffnen. Die zum Nachdenken anregenden Seltsamkeiten, Rätsel und Probleme reichen von der wunderschönen Formel des Herrn Ramanujan (dem berühmtesten Mathematiker Indiens) über parasitäre Zahlen bis hin zu den Sprungsequenzen der Batrachionen. Jedes Kapitel ist eine Welt für sich, die Paradoxien und rätselhafte Fakten enthält. Schnappen Sie sich einfach Papier und Bleistift. Keine Angst! Auch wenn einige der Abschnitte in diesem Buch ein wenig weit hergeholt scheinen – ohne richtigen Anwendungsbezug oder tieferen Sinn –, Dr. Googol hat dennoch die Erfahrung gemacht, dass sie helfen, das mathematische Verständnis zu schulen; jedenfalls haben ihm dies viele Schüler und Studenten, Lehrer und Wissenschaftler geschrieben. Und wie die Geschichte zeigt, haben sich gerade die Experimente, Ideen und Konsequenzen, die sich aus längeren Gedankenspielen entwickelten, öfters als besonders fruchtbar und von unerwarteter Nützlichkeit erwiesen. Um Ihr Interesse und Engagement noch ein wenig zu wecken, hat sich Dr. Googol entschlossen, Ihnen einige Programme zur Lösung und Berechnung einiger Probleme zur Verfügung zu stellen.

Diese finden sich auf der Website von Oxford University Press (www.oup-usa.org/sc/0195133420). Sie enthält eine Fülle von Computerprogrammen im Source-Code, die der Autor geschrieben hat. Die Programme sollen Ihnen ermöglichen, sowohl die Lösungen ausgewählter Problemstellungen besser nachzuvollziehen als auch selbst mit ihnen zu experimentieren. Die folgenden Codes sind verfügbar:

- **Kapitel 7: Die Flötenspieler von Papua** (Pseudocode zur Erzeugung der Rhythmen von Papua)
- **Kapitel 14: Hagelschlag-Zahlen** (BASIC-Programm, das die Hagelschlag-Zahlen und Pfadlängen berechnet)
- **Kapitel 16: Vom Schönen, der Symmetrie und den Pascalschen Dreiecken** (BASIC-Programm zur Berechnung und Darstellung Pascalscher Dreiecke)
- **Kapitel 19: Dreieckszahlen** (BASIC-Programm zur Berechnung von Dreieckszahlen)
- **Kapitel 20: Eine Zahl für die X-Akten** (BASIC-Programm zur Berechnung der Akte X „Ende der Welt"-Zahlen)
- **Kapitel 22: In Herrn Fibonaccis Nachbarschaft** (BASIC-Programm zur Berechnung der Fibonacci-Zahlen)
- **Kapitel 27: Außerirdische Zuchtversuche** (C- und BASIC-Programme zur Berechnung der Anzahl und des Geschlechts der entführten Menschen)
- **Kapitel 29: Vollkommene, befreundete und erhabene Zahlen** (BASIC-Programm zur Berechnung vollkommener und befreundeter Zahlen)

- **Kapitel 31: Karten, Frösche und fraktale Folgen** (REXX-Code zur Berechnung fraktaler Signatur-Sequenzen. BASIC-Programm zur Berechnung von Batrachionen)

Vielleicht helfen diese Listings einigen von Ihnen da weiter, wo die einfache sprachliche Beschreibung an ihre Grenzen stößt.

Teil I

Seltsame Fragen und schnelle Gedanken

Deine Sichtweise wird nur dann ganz klar werden, wenn Du in Dein eigenes Herz schaust. Wer nach außen schaut, träumt; wer nach innen schaut, erwacht.

C.G. Jung

Wo immer sich ein offener Geist findet, da werden Grenzen gespürt.

Charles Kettering

Mathematik ist der Hammer, der das Eis unseres Unbewussten durchbricht.

Dr. Francis O. Googol

1 Die Attacke der Amateure

> Jeder innovative Wissenschaftler pflegt und verlässt sich auf bestimmte irrationale Vorgänge um sein kreatives Denken voranzubringen. Watson und Crick setzten bildliche Analogien ein, um die Struktur des DNA-Moleküls herauszubekommen. Einstein benutzte dasselbe Verfahren, um sich einen Ritt auf einem Lichtstrahl vorstellen zu können. Dem Mathematiker Ramanujan erschien für gewöhnlich eine Vision seiner Familiengottheit Narnagiri, wenn er eine neue mathematische Erkenntnis gewann. Das Herz einer jeden voranschreitenden Wissenschaft liegt darin, eine glückliche Hand bei der Interpretation ungewöhnlicher Beobachtungen zu beweisen, eine nicht rationale Eigenschaft, die durch die Begriffe „Kreativität" oder „Intuition" nur unzureichend beschrieben wird.
>
> *John Waters,* Skeptical Inquirer

> Erstaunlicherweise kann das Fehlen einer Fachausbildung von Vorteil sein. Meist bewegen wir uns auf ausgetretenen, gewohnten Pfaden. Manchmal kann es aber nur dann einen Fortschritt in der Mathematik geben, wenn jemand unvoreingenommen von außen einen Blick auf manche Probleme wirft.
>
> *Doris Schattschneider,* Los Angeles Times

Sind Sie ein Amateurmathematiker? Keine Bange. Viele nette mathematische Einsichten wurden von Amateuren entwickelt, von Heimwerkern bis hin zu Juristen. Diese Amateure brachten viele neue Sichtweisen ins Spiel, die die größten Experten verblüfften.

Vielleicht hat jemand von Ihnen „Good Will Hunting" gesehen, den Film, in dem der 20-jährige Will Hunting in einem rüden, verrohten Viertel in South Boston durchzukommen versucht. Wie seine Freunde versucht auch Will Hunting mit Aushilfsjobs die Zeit zwischen den üblichen Kneipenbesuchen und irgendwelchen Querelen mit der Polizei auszufüllen. Er hat nie eine höhere Schule besucht, sieht man mal davon ab, dass er im MIT (Massachusetts Institute of Technology) die Flure geschrubbt hat. Dennoch ist er in der Lage, die abwegigsten historischen Tatsachen aus seinem Gedächtnis abzurufen und in null Komma nichts mathematische Probleme zu lösen, an denen die besten Professoren scheitern.

Das ist gar nicht so abgefahren, wie es klingt! Obwohl man wohl eher annimmt, dass neue mathematische Entdeckungen von Professoren gemacht werden, die sich jahrelang mit bestimmten Problemen beschäftigen, so wurden dennoch einige recht wichtige Beiträge von Neulingen oder Amateuren beigesteuert. Hier sind ein paar von Dr. Googols Lieblingsfällen:

- In den siebziger Jahren entdeckte die Hausfrau und Mutter von fünf Kindern, Marjorie Rice, als sie am Küchentisch arbeitete, eine ganze Reihe geometrischer Muster, von denen einige Experten dachten, dass sie unmöglich seien. Marjorie Rice hatte überhaupt keine Erfahrung mit Mathematik, sieht man mal von ihrer allgemeinen Schulbildung ab, dennoch entdeckte sie 58 verschiedene Arten fünfeckiger Kacheln, von denen die meisten bisher nicht bekannt waren. Ihr höchster Abschluss war der an der Oberschule 1939, wo sie aber nur einen einzigen Mathe-Kurs genommen hatte. Die Moral der Geschichte? Es ist nie zu spät, sich einer Sache zuzuwenden und neue Entdeckungen zu machen. Aber auch: Unterschätze niemals deine Mutter!
- 1998 entdeckte der College-Student Roland Clarkson die größte bis dahin bekannte Primzahl (eine Primzahl ist eine

Zahl, die außer durch 1 nur noch durch sich selbst teilbar ist, wie zum Beispiel 7, 13 oder 103). Die Zahl war so lang, dass sie mehrere Bücher hätte füllen können. Tatsächlich werden heutzutage einige der größten Primzahlen von College-Studenten gefunden, die eine aus dem Internet herunterladbare Software und ein Netzwerk aus zusammengeschalteten PCs benutzen.
- Zu Beginn des 17. Jahrhunderts machte der französische Anwalt Pierre de Fermat einige herausragende Entdeckungen im Bereich der Zahlentheorie. Obwohl er ein „Amateur" war, formulierte er doch einige mathematische Probleme wie zum Beispiel „Das Letzte Fermatsche Theorem", das erst 1994 gelöst werden konnte. Fermat war natürlich kein gewöhnlicher Jurist. So wird er – zusammen mit Blaise Pascal – als Erfinder der Wahrscheinlichkeitstheorie angesehen. Ebenso wird er zusammen mit René Descartes als Begründer der Analytischen Geometrie genannt, und damit kann er als einer der ersten modernen Mathematiker angesehen werden.
- Mitte der neunziger Jahre formulierte der texanische Bankier Andrew Beal ein verwirrendes Problem und bot 5000 $ für dessen Lösung. Bis dahin sollte das Preisgeld jedes Jahr um 5000 $ anwachsen, allerdings nur bis zu einer Obergrenze von 50 000 $. Beal interessierte sich für die Gleichung

$$A^x + B^y = C^z$$

Die sechs Buchstaben stellen ganze Zahlen dar, wobei x, y und z größer als 2 sein müssen. (Fermats letztes Theorem ist ein Sonderfall dieses Problems, da es von identischen Werten für x, y und z ausgeht.) Beal stellte fest, dass die Lösungen dieser allgemeinen Gleichung sonderbarerweise einen gemeinsamen Teiler für die Werte von A, B und C besitzen. So weist zum Beispiel die Gleichung $3^6 + 18^3 = 3^8$ den gemeinsamen Teiler 3 auf. Er setzte die Computer in seiner Bank auf dieses Problem an und fand heraus, dass für Exponenten (die Zahlen x, y und z) von einem Wert von 100 sich keine Lösung finden ließ, die diesen gemeinsamen Teiler nicht aufwies. Er fragte sich nun, ob diese Beobachtung allgemein gültig ist. Im Dezember 1997 bemerkte R. Daniel Mauldin von der University of North Texas dazu in der Zeitschrift „Notices of the American Mathematical Society": „Es ist schon bemerkenswert, wie manchmal jemand, der in kompletter Abgeschiedenheit von der wissenschaftlich mathematischen Gemeinschaft arbeitet, ein Problem formuliert, das so nahe an der aktuellen mathematischen Forschung angesiedelt ist."

- 1998 berechnete der 17-jährige College-Student Colin Percival die fünftbillionste binäre Stelle der Kreiszahl Pi. (Pi oder π ist das Verhältnis zwischen dem Umfang eines Kreises und seinem Durchmesser und eine nicht endende Zahl, die keinerlei Periodizität aufweist. Binäre Zahlen werden in der Computerwissenschaft verwendet und bestehen aus Kombinationen von Einsen und Nullen.) 1999 berechnete der Computerwissenschaftler Yasumasa Kanada und seine Mitarbeiter am Rechenzentrum der Universität von Tokio π bis auf 206.158.430.000 (über 206 Milliarden) Dezimalstellen genau. Percival (Abb. 1.1) entdeckte, dass das fünftbillionste Bit der Zahl π eine Null ist. Sein Beitrag ist nicht nur deswegen so bedeutsam, weil er einen neuen Rekord aufstellte, sondern weil zum ersten Mal die Berechnung unter Zuhilfenahme eines Netzwerkes von 25 Computern erfolgte, die rund um den Globus verstreut waren. Insgesamt benötigte das „PiHex" betitelte Projekt fünf Monate Zeit, wozu insgesamt noch eineinhalb Jahre reine Rechenzeit kamen. Percival, der im Juni 1998 seinen High School Abschluss machte, besuchte seit seinem dreizehnten Lebensjahr nebenbei noch die Simon Fraser University in Kanada.

- 1998 verbesserte der Autodidakt und Erfinder Harlan Brothers zusammen mit dem Meteorologen John Knox die Methode, mit der die fundamentale Konstante e (die Eul-

Abb. 1.1　1998 berechnet der 17-jährige Colin Percival die fünftbillionste digitale Ziffer der Zahl π. Sein Beitrag war nicht nur wegen des neu aufgestellten Rekords so wichtig, sondern auch, weil zum ersten mal ein Netzwerk von 25 weltweit verstreuten Computern zum Einsatz kam.
(Photo: Marianne Meadahl)

ersche Zahl, gerundet: 2,718) berechnet wird. So ziemlich alle Gesetze, denen exponentielles Wachstum zugrunde liegt – vom Wachstum von Bakterienkolonien bis hin zu Zinszuwächsen – basieren auf dieser Zahl e, die nicht als konventioneller Bruch zweier Zahlen dargestellt werden und nur durch aufwendige Computerberechnungen angenähert werden kann. Knox dazu: „Was wir gemacht haben, ist, die Mathematik den einfachen Menschen zurückgegeben zu haben", indem sie demonstrierten, dass auch Amateure bessere Wege und Mittel finden können, fundamentale mathematische Konstanten zu berechnen (nur nebenbei: e ist inzwischen über 50 Millionen Nachkommastellen hinaus bekannt).

– Ebenfalls 1998 machten Dame Kathleen Ollerenshaw und David Brée einige wichtige Entdeckungen bezüglich einer bestimmten Klasse magischer Quadrate – einer quadratischen Anordnung von ganzen Zahlen, bei denen die Summen aller Reihen, aller Spalten und der beiden Diagonalen identisch sind. Obwohl gerade ihre Entdeckung die Mathematiker seit Jahrhunderten beschäftigt hat, war keiner der beiden ausgebildeter Mathematiker. Ollerenshaw verbrachte den größten Teil ihres Berufslebens als leitende

Verwaltungsangestellte mehrerer englischer Universitäten, Brée unterrichtete an Universitäten in den Bereichen Wirtschaftswissenschaften, Psychologie und Künstliche Intelligenz. Besser noch: Ollerenshaw war 85 Jahre alt, als sie zusammen mit Brée die Vermutungen bewies, die sie vorher aufgestellt hatten (siehe Ian Stewarts Artikel „Most-perfect magic squares" in: Scientific American, November 1999, 281 (5) 122–123).

In den vorangegangenen Jahrhunderten wurden die meisten mathematischen Entdeckungen von Anwälten, Offizieren, Beamten oder anderen „Amateuren" gemacht, die ein Interesse an mathematischen Fragestellungen entwickelt hatten – dies vor allem deshalb, weil zu dieser Zeit kaum jemand von der Mathematik hätte leben können. Der französische Mathematiker Olivier Gerard schrieb Dr. Googol:

> Ich glaube, dass Amateure immer einen Beitrag zu den Wissenschaften oder der Mathematik liefern können. Computer und deren Vernetzung erlauben es Amateuren, genauso effizient wie professionelle Mathematiker zu arbeiten und zu kooperieren. Zieht man zudem noch in Betracht, dass die professionellen Mathematiker einen Großteil ihrer Zeit damit zubringen, Veröffentlichungen zu schreiben oder andere Rechtfertigungen ihrer Arbeit zu verfassen, so ist es sogar möglich, dass die Amateure ihnen in einigen Fällen voraus sein können. Dennoch müssen die Amateure auf den nicht zu vernachlässigenden Vorteil verzichten, Mathematik zu lehren oder durch einen Mentor gefördert zu werden.

Das heißt noch lange nicht, dass Amateure wirklich zum Fortschritt in den entlegensten Gebieten der Mathematik beitragen könnten. Es wird wohl faktisch für die meisten Menschen auf diesem Planeten unmöglich sein, die schwierigsten Probleme der zeitgenössischen Mathematik überhaupt zu verstehen, geschweige denn irgendwelche substanziellen Beiträge zu ihrer Lösung zu liefern. Nichtsdestotrotz ist das Meer der Mathematik weit und auch neuen Schwimmern zugänglich. Viele ansprechende mathematische Gebilde, beginnend bei den Fraktalen,

Abb. 1.2 Die Mandelbrot-Menge („Apfelmännchen") wird im Guinessbuch der Rekorde von 1991 als das komplizierteste Objekt in der Mathematik bezeichnet. Das Buch stellt fest, dass „eine mathematische Beschreibung der Beschaffenheit dieser Figur eine unendliche Menge an Informationen benötigt und das Muster dennoch mit einem nur ein paar Programmzeilen langen Computerprogramm erzeugt werden kann."

die unabhängig vom Detaillierungsgrad ihrer Darstellung immer wieder faszinierend komplizierte, sich selbst ähnelnde Muster aufweisen, bis hin zu den visuell ansprechenden Kachelmustern bieten sich als fruchtbares Betätigungsfeld für Amateure und Anfänger an. Tatsächlich hätte die Entdeckung der Mandelbrot-Menge aus den späten siebziger Jahren – ein kompliziertes mathematisches Muster, das vom Guinessbuch der

Rekorde als „das komplizierteste Objekt der Mathematik" bezeichnet wurde – gemacht und auch grafisch realisiert werden können mit nicht mehr als Abiturwissen in Mathematik (Abb. 1.2).

Gerade in solchen Fällen ist der Computer ein hervorragendes Werkzeug, das Amateuren erlaubt, Entdeckungen zu machen, die im Grenzbereich von Wissenschaft und Kunst liegen. Natürlich mag ein einfacher Abiturient nicht erfassen, was an der Mandelbrot-Menge denn so kompliziert ist oder warum sie mathematisch von Wichtigkeit ist. Eine wirklich grundlegende Interpretation dieser Entdeckung bedarf dann doch eines ausgebildeten Mathematikers; trotzdem, interessante Erkenntnisse lassen sich auch ohne die entsprechende Bildung gewinnen.

2 Der ultimative Bibelcode

Das Ziel der Wissenschaft liegt nicht darin, den „Sinn" der Welt zu erfassen. Die Welt hat keinen Sinn. Sie ist einfach.

John Bainville, 1998

Dr. Googol war bei Martin Gardner zu Besuch, einem berühmten Experten auf dem Gebiet mathematischer Rätsel und auch sonst sehr angenehmen Menschen. Kurz vor Sonnenuntergang spazierten die beiden durch Gardners Garten, in dem sich allerlei mathematische Kuriositäten finden – Modelle Kleinscher Flaschen (das sind räumliche Objekte, die nur eine einzige Oberfläche besitzen), Kacheln der unterschiedlichsten Formen, die auf die verschiedensten Arten angeordnet waren, und fraktale Skulpturen aus Metall, die von unvorstellbarer Komplexität waren.

„Ich möchte Ihnen etwas zeigen, Dr. Googol." Martin Gardner nahm eine alte Bibel aus dem Bücherregal und malte einen Rahmen um die ersten 3 Verse der Genesis.

1. Im Anfang schuf Gott den Himmel und die Erde.
2. Und die Erde war öde und leer; und Finsternis lag über dem Angesicht der Welt. Und der Geist Gottes schwebte über den Wassern.
3. Und Gott sprach: „Es werde Licht!" Und es ward Licht.

Gardner zeigte auf die Bibel. „Wählen Sie ein beliebiges der ersten 9 Worte im ersten Vers: *Am Anfang schuf Gott den Himmel und die Erde.*"

„Gemacht", sagte Dr. Googol.

„Zählen Sie nun die Anzahl der Buchstaben in diesem Wort und nennen Sie diese Nummer N1. Gehen Sie dann genau diese Anzahl N1 an Wörtern weiter. (Haben Sie zum Beispiel das Wort *Anfang* gewählt, so träfen Sie als Nächstes auf das Wort *die*.) Nun zählen Sie die Anzahl der Buchstaben in diesem Wort, nennen Sie sie N2, und gehen Sie N2 Wörter weiter vor. Wiederholen Sie diese Prozedur, bis Sie den dritten Vers der Genesis erreicht haben."

Dr. Googol nickte. „Alles klar, ich habe den dritten Vers erreicht."

„Auf welchem Wort endet Ihre Wortkette?"

„Gott!"

„Dr. Googol, denken Sie sorgfältig über meine nächste Frage nach. Ihre **Seele** mag davon abhängen. Ist Ihre Antwort ein Beweis, dass Gott wirklich existiert und dass die Bibel eine **ultimative Wahrheit** beinhaltet?"

Wer auf diese Frage eine verstörende Antwort sucht, mag sich den Anhang zum Kapitel 2 ansehen. Ihre Sicht der Realität wird sich verändern, wenn Sie den Mut aufbringen, sich auf diese Odyssee der Selbsterforschung zu begeben.

3 Die Mathematik des Spinnennetzes

Die Strukturen, die von der Mathematik untersucht werden, erinnern mehr an geklöppelte Spitzen, die Zweige von Sträuchern oder das Spiel von Licht und Schatten auf den Gesichtern der Menschen als an großartige Gebäude oder Maschinen.

Scott Buchanan

Auch Spinnennetze fand Dr. Googol sehr interessant und so freut er sich immer, wenn er irgendwo auf der Welt ein besonders gelungenes Exemplar findet. Sie finden sich in allen Formen, Größen und Ausrichtungen. Die größten bisher entdeckten kreisförmigen Netze sind die der tropischen Spinne *Nephilia*, die einen Umfang von bis zu 5 Metern aufweisen können!

Aber Spinnen machen auch manchmal Fehler. So fanden Forscher heraus, dass Spinnen unter dem Einfluss von bewusstseinsverändernden Drogen unregelmäßige Netze spinnen. Marihuana zum Beispiel veranlasst die Spinnen dazu, große Lücken zwischen den Spannfäden und der inneren spiralförmigen Geometrie zu lassen. Spinnen, die unter Benzedrineinfluss stehen, erzeugen ungleichförmige, unvollendet erscheinende Netze, während Koffein zu Netzen führt, deren Spannfäden eher zufällig angeordnet zu sein scheinen.

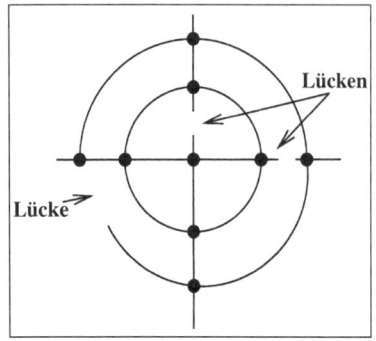

Abb. 3.1 Spinnennetz mit 3 Unterbrechungen.

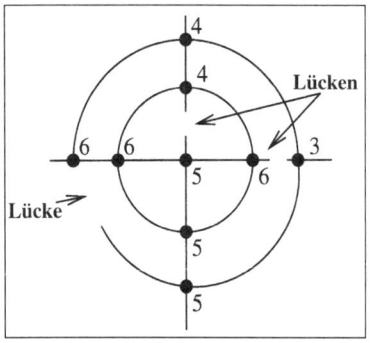

Abb. 3.2 Nummerierung im unterbrochenen (2,2)-Netz.

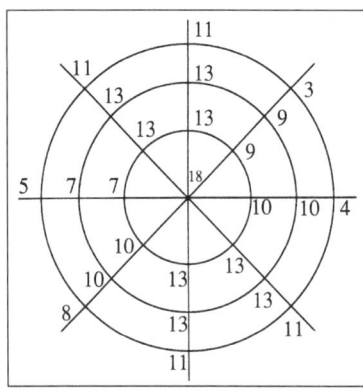

Abb. 3.3: Das reparierte (4,3)-Netz.

Was hat das alles mit mathematischen Rätseln zu tun? Nun, als Dr. Googol eines Tages durch einen Wald spazierte, traf er auf ein großes Rundnetz mit fast 30 cm Durchmesser. Als sich nun die Sonnenstrahlen in diesem Netz brachen, sprang ihm die folgende Fragestellung in den Geist.

Man stelle sich eine Spinne vor, die unter Drogeneinfluss steht. Während sie nun ihr Netz spinnt, lässt sie einige Lücken darin. Die Abbildung 3.1 zeigt ein solches Netz mit 3 Unterbrechungen. Dieses einfache Netz bezeichnet Dr. Googol als (2,2)-Netz, da es aus 2 radialen Fäden und 2 kreisförmigen Fäden gebildet werden kann.

Ein jeder Knoten (Schnittpunkt) dieses Netzes soll von der Spinne mit einer Zahl versehen werden, die angibt, wie viele Knoten insgesamt von den entsprechenden Knoten aus erreicht werden können, ohne auf eine Leerstelle im Netz oder aber auf den äußeren Rand zu stoßen, sei es in radialer oder in Umfangsrichtung. In der Abbildung 3.2 hat

Die Mathematik des Spinnennetzes

die Spinne den obersten Knoten mit der Zahl 4 versehen, weil in Richtung Netzzentrum nur ein Knoten erreicht werden kann, während in Umfangsrichtung noch 3 weitere Knoten besucht werden können. Zwei, wenn man sich im Uhrzeigersinn bewegt, einer, wenn die Reise in die entgegengesetzte Richtung geht.

Entsprechend der obigen Definition zeigt die Abbildung 3.3 ein (4,3)-Netz. Das Weibchen der Spinne, die das Netz gesponnen hat, kam nach Hause, verschlang ihren Ehemann (wie es bei den meisten Spinnen zum guten Ton gehört) und machte sich daran, das Netz zu reparieren. Nur hat sie die Zahlen, die ihr Verzehrter den Knoten gegeben hat, beibehalten, um sich immer daran zu erinnern, mathematikbesessenen Spinnern aus dem Weg zu gehen. Können Sie aber noch feststellen, wo die Leerstellen dieses Netzes zu finden waren?

Zum Schluss noch eine Anmerkung: als Spinnen-Zahlen bezeichnet man die Summe aller Zahlen in allen Knoten des Netzes. So besitzt zum Beispiel das in Abbildung 3.2 gezeigte (2,2)-Netz die Spinnen-Zahl 44. Angenommen, das Netz weist 4 Unterbrechungen auf, was mögen wohl die kleinsten Zahlen sein, die sich durch ein (2,2)-Netz und ein (4,3)-Netz erzielen lassen?

Die Lösung findet sich im Anhang zum Kapitel 3.

4 Des Wegs kam ´ne Spinne

An den Hängen der Berge gedeiht das Leben und nicht auf deren Spitzen. Hier unten blüht das Leben.

Robert Pirsig, Zen und die Kunst, ein Motorrad zu warten

Wieder einmal war Dr. Googol im Wald unterwegs. Diesmal im peruanischen Regenwald, gut 25 km südlich des Titicaca-Sees, als ihm die Idee zu diesem hirnverknotenden Problem kam. Einen Monat später fand er sich in Virginia wieder, wo er den Auftrag hatte, die analytischen Fähigkeiten der CIA-Angestellten zu verbessern. Dort stellte er dann dieses Rätsel.

3 Spinnen, die Herr Acht, Herr Neun und Herr Zehn genannt werden sollen, krabbeln durch das Gestrüpp des peruanischen Dschungels. Eine Spinne besitzt 8 Beine, eine besitzt 9 Beine, die dritte weist deren 10 auf. Für gewöhnlich fühlen sie sich recht wohl in ihrer Haut und genießen das Leben unter den verschiedenen Tierarten, die den Dschungel bevölkern. Heute aber haben sie schlechte Laune, es ist einfach zu warm.

„Was ich interessant finde, ist, dass niemand von uns die Anzahl an Beinen aufweist, die unsere Namen vermuten ließen", sagte Herr Zehn.

„Wen interessiert's?", antwortete die Spinne mit neun Beinen.

Wie viele Beine hat Herr Neun? Erstaunlicherweise ist es gar nicht so schwer, die Antwort zu finden, auch wenn die Informationen nicht allzu üppig sind.

Kommen wir jetzt zum zweiten Teil des Rätsels. Die gleichen 3 Spinnen haben nun 3 Netze gesponnen. Ein Netz enthält nur Fliegen, das andere nur Moskitos, während sich im dritten beide Insektenarten verfangen haben. Die 3 Netze sollen nun als „F", „M" und „FM" bezeichnet werden. Die Bezeichnungen sind aber alle 3 nicht korrekt. Die Insekten sind in Kokons eingesponnen. Wie viele Kokons muss nun eine Spinne wieder öffnen, um die Bezeichnungen der einzelnen Netze korrekt durchführen zu können?

Versuchen Sie bitte, zumindest eines dieser Probleme zu lösen. Wenn Sie glauben, dass die Aufgaben zu schwierig sind, machen Sie sich eine Skizze und diskutieren Sie die Sache mit ein paar Bekannten durch. Als Lehrer können Sie die Aufgaben auch Ihren Schülern stellen. Was auch immer Sie tun, ignorieren Sie dieses Rätsel nicht. Sollten Sie sich dennoch für den bequemen Weg entscheiden, so wird sich eine lebende zweidimensionale Spinne aus dem kleinen Netz, das Sie am Ende des Satzes finden, auf Sie stürzen.

Die Lösung der Probleme findet sich wie immer im Anhang zum Kapitel 4.

5 Amors Pfeile

> Ein Mathematiker kann mit einem Schneider verglichen werden, der sich nicht darum kümmert, welche Lebewesen auch immer in die Kleider hineinpassen mögen, die er da so schneidert. Natürlich erwuchs sein Handwerk einmal genau aus dieser Notwendigkeit, entsprechende Kleidungsstücke für bestimmte Lebewesen zu fertigen, aber dies wurde längst vergessen; heute ist es eher so, dass sich eher beiläufig eine Lebensform findet, die zu den Kleidern passt als umgekehrt. Und dann sind Erstaunen und Entzücken groß!
>
> *Tobias Dantzig*

Am Valentinstag des Jahres 2000 flanierte Dr. Googol an den Ufern des Tiber entlang und genoss den Anblick der eleganten Passanten und das erfrischende Wetter, als ein stechender Schmerz in seinem Brustkorb seinen Spaziergang abrupt beendete. Er griff zum Herzen und stürzte zu Boden. Ihm erschien ein seltsamer Mann mit Flügeln und einem Bogen. Dieser Mann landete direkt neben ihm.

„Ich habe nur den neuen Pfeil ausprobiert, den mein Onkel Divisio, der Gott der Rechenkunst, mir geschenkt hat", sagte der Mann. Er griff zu Dr. Googol hinüber und zog einen Pfeil, der mit 5 Scheiben versehen war, aus Dr. Googols Brust (Abbildung 5.1). „Der ist nicht wie die alten", fuhr er fort und rieb liebevoll über die Scheiben. „Sie können sich als Geliebte aussuchen, wen Sie wollen, wenn Sie dieses Rätsel lösen."

„Benutzen Sie die Zahlen 1 bis 9", erläuterte der Mann Dr. Googol, „indem Sie genau eine Ziffer in einen der Kreise schreiben und die folgende Regel beachten. Jedes Zahlenpaar, das durch eine Linie zwischen den entsprechenden Kreisen verbunden ist, bildet eine zweistellige Zahl, die entweder durch 7 oder durch 13 ohne Rest teilbar sein muss. Verbindet man zum Beispiel die Ziffern 7 und 8 in solcher Weise, so entsteht die Zahl 78, die durch 13 teilbar ist. Die Reihenfolge bei der Anordnung der Ziffern in den Kreisen ist beliebig, es darf aber jede Ziffer nur einmal auftauchen."

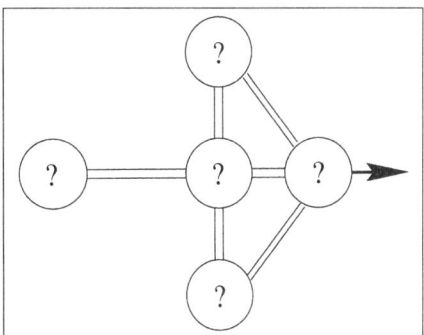

Abb. 5.1: Amors Pfeil.

„Jede Lösung, die Sie finden", merkte der geflügelte Mann an, bevor er wieder davonflog, „lässt Sie das Herz einer beliebigen Person erobern. Wenn Sie es zusätzlich noch schaffen, eine Lösung zu finden und mit 2 weiteren Linien den oberen und unteren Kreis mit der linken Scheibe zu verbinden, so werden Sie *immer* Glück in der Liebe haben. Ansonsten können Sie aber mindestens 5 Herzen gewinnen. Glauben Sie, dass Sie es schaffen?"

Die Lösung findet sich im Anhang zum Kapitel 5.

(Anmerkung des Herausgebers: Dr. Googol erlangte kurz darauf das Bewusstsein wieder. Die Ärzte, die ihn untersuchten, konnten keine Herzerkrankung feststellen. Vielmehr war seine „Herzattacke" auf schweres Sodbrennen zurückzuführen, das aus dem Verzehr einer Knoblauch–Peperoni-Pizza resultierte.)

6 Geheimnisvolle Quadrate

> Ruhig ritt er weiter und überließ es der Laune seines Pferdes, die Richtung des Weges zu wählen, weil er fest daran glaubte, dass dies der wahre Ursprung eines jeden Abenteuers war.
>
> *Cervantes, Don Quixote*

Dr. Googol besetzte die 4 Ecken eines Quadrates mit den Ziffern 1, 2, 3 und 4. Versuchen Sie nun einmal, die verbleibenden Zahlen von 5 bis 12 so entlang den Seiten dieses Quadrats anzuordnen, dass die Summe aller Seiten gleich ist. (Sollten Sie dazu keine Lust haben, fürchte ich, dass sich Dr. Googol auf einen Besuch bei Ihnen zu Hause anmelden wird – das ist nicht so angenehm, da er ununterbrochen redet und weitere Rätsel erfindet.)

Hier ist nun ein Beispiel eines Quadrates, bei dem die Summe der Seiten *ungleich* ist. So ist zum Beispiel die Summe der oberen Zeile 18, während die der rechten Spalte 24 beträgt. (Wichtig ist hier nur, dass 1, 2, 3 und 4 in den Ecken zu finden sind.)

Was glauben Sie, wie viele Lösungen gibt es für dieses Problem? Bedenken Sie aber, dass die Ziffern 1, 2, 3 und 4 immer in den Ecken zu finden sein müssen.

Auch hier findet sich die Antwort im Anhang zum Kapitel 6.

1	7	8	2
6			9
5			10
4	11	12	3

7 Die Flötenspieler von Papua

Als die ersten Grundschulen auf Samoa eingerichtet wurden, entwickelten die Eingeborenen eine nahezu manische Besessenheit von arithmetischen Berechnungen. Sie legten ihre Waffen beiseite und versahen sich stattdessen mit Schiefertafeln und Kreide, um sich gegenseitig und europäischen Besuchern Rechenaufgaben zu stellen. Der ehrenwerte Frederick Walpole bemerkt, dass sein Besuch dieser wunderbaren Insel durch die endlosen Multiplikations- und Divisionsaufgaben deutlich an Annehmlichkeit verloren hat.

T. Briffault

Mir gefällt der Gedanke, dass das Leben so etwas wie eine effiziente Maschine sein könnte, vielleicht weil mir mein eigenes Leben, bis hinein ins Private und Persönliche, so seltsam und chaotisch erscheint. Es ist wirklich angenehm, wenn man mal alles hinter sich lassen kann und sagen kann, „Da muss es doch ein Muster hinter all dem geben! Ich weiß zwar nicht, was das alles bedeutet, aber bei Gott ich kann's sehen!"

Stephen King, Popsy

Irgendwann im Herbst letzten Jahres unternahm Dr. Googol einen Spaziergang mit Omar Khayyan, seinem achtzigjährigen Freund, in der klaren und frischen Luft Neuenglands. Omar erzählte leise von einigen seiner Kumpels, die damals die Insel Neuguinea erforscht hatten. Dr. Googol war sich aber von Anfang an darüber im Klaren, dass Omars Erzählungen in ihrem Wahrheitsgehalt schwankten. Während der letzten 10 Jahre hatten seine Geschichten schier epische Breite angenommen, waren zu einer Mixtur aus Erfundenem und wahren Begebenheiten ausgeartet und neigten immer mehr Ersteren zu, je nach Laune. Wie auch immer, Dr. Googol erinnert sich gerne an seine lebhafte Erzählung und möchte es Ihrer Meinung überlassen, sie auf ihre Authentizität hin einzustufen.

Omars Freunde hatten jedenfalls ihr Lager am Ufer eines Flusses aufgeschlagen, als sie seltsam anmutende Töne von Pfeifen oder Holzflöten vernahmen. Die Melodie folgte einem seltsamen Rhythmus, wobei die Töne selbst niemals wiederholt zu werden schienen. Manchmal schlug eine Trommel im selben Rhythmus mit. Einige der Männer durchsuchten das anliegende Unterholz, konnten aber, selbst nach intensiver Suche, nicht ausmachen, woher diese Töne kamen. Manchmal schienen die Töne aus dem Norden zu kommen, manchmal aus dem Osten.

Die Melodie wurde auf alle Fälle von einer Pfeife erzeugt, die nur 2 Töne herausbrachte. Edward Fitzgerald war einer der Forscher, und ihn interessierte dieses Phänomen so sehr, dass er es in seinem verschlissenen Notizbuch aufzeichnete, wobei er die beiden Zeichen 👍 und 👆 verwendete, um die unterschiedlichen Tonlängen – lang und kurz – zu unterscheiden. Glücklicherweise wurde die Tonfolge langsam genug gespielt, um sie korrekt aufzuzeichnen. Die ersten Einträge lauteten

Der Musiker pausierte danach eine Minute lang, um dann wieder anzufangen. Die nächste Tonfolge besaß die folgende Struktur:

Die Flötenspieler von Papua

Das Notizbuch enthielt einige Seiten solcher Zeichen. Gegen Mitternacht waren alle Seiten des Notizbuches voll geschrieben. Jahre später gelangte Omar in den Besitz von Fitzgeralds Notizbuch, der meinte, dies sei „das Seltsamste, das man je gehört hat. Es ist zwar nicht komplett irregulär, gleichzeitig aber auch nicht ganz regelmäßig." Omar, der sich ein bisschen mit Mathematik beschäftigt hatte, verbrachte danach viel Zeit damit, hinter das Geheimnis der Symbole 🕯 und 🕯 auf den Seiten des Notizbuches zu kommen. Seine Ergebnisse waren verwirrend.

Dr. Googol und Omar setzten ihren Spaziergang in der kühlen Abendluft fort. Plötzlich blieb Omar unvermittelt unter der gelblichen Straßenlampe einer Seitenstraße stehen. Er sah Dr. Googol an. „Glaub's oder glaub's nicht, aber das seltsame Muster dieser 🕯 und 🕯 Tonfolge entpuppte sich als eine wenn auch bekannte, so doch exotische Zahlenfolge, die *Morse-Thue* Sequenz – sie wird normalerweise als eine Folge von Nullen und Einsen dargestellt." Omar fuhr fort, dass die Folge nach dem berühmten norwegischen Mathematiker Axel Thue (1863–1922) und nach Marston Morse (1892–1977) aus Princeton benannt sei. Thue führte die Reihe als eine Folge nicht-periodischer, aber rekursiv berechenbarer Zeichen ein – eine Wendung, die Ihnen im Verlauf der weiteren Diskussion verständlich werden sollte. Morse untersuchte diese Folge in den zwanziger Jahren des 20. Jahrhunderts noch detaillierter.

Es gibt recht viele Möglichkeiten, die Morse-Thue-Folge zu erzeugen. Eine Möglichkeit ist, mit der Ziffer 0 zu beginnen und dann wiederholt die 0 durch die Sequenz 01 und die 1 durch 10 zu ersetzen. Anders ausgedrückt, wann immer Sie in einer Generation auf eine 0 treffen, ersetzen Sie diese in der nächsten Generation durch 01, eine 1 wird entsprechend durch 10 ersetzt. Damit erhalten Sie die nachstehende „Generationenfolge":

```
0
0 1
0 1 1 0
0 1 1 0 1 0 0 1
0 1 1 0 1 0 0 1 1 0 0 1 0 1 1 0
```

Versuchen Sie, das mit Bleistift und Papier nachzuvollziehen. Wenn Sie mit einer Null beginnen, wird daraus in der zweiten Generation die Ziffernfolge 0 1. Die dritte Generation entsteht durch die Substitution der 0 der zweiten Generation durch die Folge 01 und der 1 durch 10. Damit entsteht die Reihe 0110. Alle anderen Generationen folgen demselben Erzeugungsalgorithmus. Bitte beachten Sie, dass die zweite Generation achsensymmetrisch ist, das heißt, dass sie symmetrisch zu einer gedachten Mittellinie ist, die die Reihe in ihrer Mitte unterteilt. Es handelt sich dabei um ein Palindrom; die nächste Generation ist wieder unsymmetrisch, während die vierte wieder ein Palindrom ist. Bleibt dieses Verhalten bis in alle Ewigkeit bestehen? Die Geheimnisse dieser bemerkenswerten Symbolreihe haben gerade erst einmal Gestalt angenommen.

Bitte machen Sie sich klar, dass die Zeile der vierten Generation identisch mit der von Omar aufgeführten ist, wenn man 👍 durch 0 ersetzt und 👎 durch 1. Faszinierend!

Sie können diese Sequenz aber auch anders erzeugen: jede neue Generation kann dadurch entstehen, dass die vorhergehende durch ihre komplementäre auf der rechten Seite ergänzt wird. Dies bedeutet, dass eine Folge wie 0110 durch 1001 verlängert werden muss. Es gibt aber auch noch einen dritten, komplizierteren Weg, diese Sequenz zu erzeugen. Beginnen Sie einfach damit, die Zahlen 0, 1, 2, 3, 4, 5, ... aufzuschreiben, und wandeln Sie diese dann in ihre binären Ausdrücke um: 0, 1, 10, 11, 100, 101, ... (Unter Binärzahlen versteht man die Positionsdarstellung von Zahlen im Zweiersystem). Berechnen Sie nun die Quersumme einer jeden Zahl, teilen Sie diese dann durch 2 und schauen sich den Rest an (modulo 2-Berechnung der Quersumme). Notieren Sie sich die Resultate entsprechend der obigen Reihenfolge. Sie lauten für die ersten 6 Zahlen: 0, 1, 1, 0, 1, 0. Und siehe: unsere Morse-Thue-Folge taucht auf.

Lassen Sie Dr. Googol nun ein bisschen darüber philosophieren, warum diese Folge so interessant ist. Zum einen ist sie *selbstähnlich*, was nichts anderes bedeutet, als dass Sie sich eine beliebige Teilsequenz dieser Folge herauspicken können und aus diesem die gesamte unendlich lange Folge wiederherstellen können. Sie können beispielsweise nur bestimmte Gruppen der Reihe beibehalten, um die Reihe dennoch nicht in ihrer Zeichenfolge zu verändern. Versuchen Sie einmal, jedes zweite Zahlenpaar herauszustreichen. Was kommt dabei heraus? Genau dieselbe Symbolfolge wie in der Ausgangsfolge. Gleichzeitig weist die Morse-Thue-Folge aber keine wie auch immer geartete Periodizität auf, wie zum Beispiel eine sich stetig wiederholende Folge aus der Zeichenkombination 00, 11, 00, 11 es täte. Und obwohl die Reihe aperiodisch ist, ist sie dennoch weit davon entfernt, absolut zufällig und damit unvorhersehbar zu sein. Sie besitzt im Gegenteil eine sehr klare Fein- und Grobstrukturierung. So sind zum Beispiel nie mehr als 2 nebeneinander stehende Zeichen identisch. Will man hingegen die Grobstruktur dieser Sequenz erfassen, so wird es komplizierter. Eine Möglichkeit, bestimmte Muster innerhalb einer langen Sequenz von Zeichen herauszufinden, besteht darin, eine Fourier-Analyse der Folge durchzuführen, die dazu dient, scheinbar irreguläre Zeichenfolgen auf bestimmte, in ihnen verborgene Gesetzmäßigkeiten hin zu untersuchen. Diese mathematische Methode erlaubt es, bestimmte in der Datenmenge verborgene Frequenzen herauszufiltern und diese als Diagramm auszugeben, wobei sie in Abhängigkeit vom Ort ihres Auftretens in der Zahlenfolge dargestellt werden. Die Intensität der einzelnen in der Reihe enthaltenen Komponenten kann dann entweder in der dritten Dimension dargestellt werden oder aber durch unterschiedliche Farbgebung in einem zweidimensionalen Diagramm. In unserem Fall zeigt die Analyse deutlich hervorstehende Spitzen.

Die Folge wächst auch außerordentlich schnell: Die Anzahl ihrer Elemente verdoppelt sich ja mit jeder neuen Generation. Die achte Generation besitzt demzufolge folgende Elemente und sieht so aus:

0110100110010110011010011001011001 10
1001100101100110100110010110011010 01
1001011001101001100101100110100110 01
0110011010011001011001101001100101 10
0110100110010110011010011001011001 10
1001100101100110100110010110011010 01
1001011001101001100101100110100110 01
0110

Tabelle 7.1 zeigt die Sequenz in ihrer elften Generation. Manchmal scheinen bestimmte Muster durch, wenn die Folge in einer bestimmten Art und Weise dargestellt wird. Erkennen Sie eins?

Die Flötenspieler von Papua

```
0 1 1 0 1 0 0 1 1 0 0 1 0 1 1 0 0 1 1 0 1 0 0 1 1 0 0 1 0 1 1 0 0 1 1 0 1 0 0 1 1 0 0 1 0
1 1 0 0 1 1 0 1 0 0 1 1 0 0 1 0 1 1 0 0 1 1 0 1 0 0 1 1 0 0 1 0 1 1 0 0 1 1 0 1 0 0 1 1 0
0 1 0 1 1 0 0 1 1 0 1 0 0 1 1 0 0 1 0 1 1 0 0 1 1 0 1 0 0 1 1 0 0 1 0 1 1 0 0 1 1 0 1 0 0
1 1 0 0 1 0 1 1 0 0 1 1 0 1 0 0 1 1 0 0 1 0 1 1 0 0 1 1 0 1 0 0 1 1 0 0 1 0 1 1 0 0 1 1 0
1 0 0 1 1 0 0 1 0 1 1 0 0 1 1 0 1 0 0 1 1 0 0 1 0 1 1 0 0 1 1 0 1 0 0 1 1 0 0 1 0 1 1 0 0
1 1 0 1 0 0 1 1 0 0 1 0 1 1 0 0 1 1 0 1 0 0 1 1 0 0 1 0 1 1 0 0 1 1 0 1 0 0 1 1 0 0 1 0 1
1 0 0 1 1 0 1 0 0 1 1 0 0 1 0 1 1 0 0 1 1 0 1 0 0 1 1 0 0 1 0 1 1 0 0 1 1 0 1 0 0 1 1 0 0
1 0 1 1 0 0 1 1 0 1 0 0 1 1 0 0 1 0 1 1 0 0 1 1 0 1 0 0 1 1 0 0 1 0 1 1 0 0 1 1 0 1 0 0 1
1 0 0 1 0 1 1 0 0 1 1 0 1 0 0 1 1 0 0 1 0 1 1 0 0 1 1 0 1 0 0 1 1 0 0 1 0 1 1 0 0 1 1 0 1
0 0 1 1 0 0 1 0 1 1 0 0 1 1 0 1 0 0 1 1 0 0 1 0 1 1 0 0 1 1 0 1 0 0 1 1 0 0 1 0 1 1 0 0 1
1 0 1 0 0 1 1 0 0 1 0 1 1 0 0 1 1 0 1 0 0 1 1 0 0 1 0 1 1 0 0 1 1 0 1 0 0 1 1 0 0 1 0 1 1
0 0 1 1 0 1 0 0 1 1 0 0 1 0 1 1 0 0 1 1 0 1 0 0 1 1 0 0 1 0 1 1 0 0 1 1 0 1 0 0 1 1 0 0 1
0 1 1 0 0 1 1 0 1 0 0 1 1 0 0 1 0 1 1 0 0 1 1 0 1 0 0 1 1 0 0 1 0 1 1 0 0 1 1 0 1 0 0 1 1
0 0 1 0 1 1 0 0 1 1 0 1 0 0 1 1 0 0 1 0 1 1 0 0 1 1 0 1 0 0 1 1 0 0 1 0 1 1 0 0 1 1 0 1 0
0 1 1 0 0 1 0 1 1 0 0 1 1 0 1 0 0 1 1 0 0 1 0 1 1 0 0 1 1 0 1 0 0 1 1 0 0 1 0 1 1 0 0 1 1
0 1 0 0 1 1 0 0 1 0 1 1 0 0 1 1 0 1 0 0 1 1 0 0 1 0 1 1 0 0 1 1 0 1 0 0 1 1 0 0 1 0 1 1 0
0 1 1 0 1 0 0 1 1 0 0 1 0 1 1 0 0 1 1 0 1 0 0 1 1 0 0 1 0 1 1 0 0 1 1 0 1 0 0 1 1 0 0 1 0
1 1 0 0 1 1 0 1 0 0 1 1 0 0 1 0 1 1 0 0 1 1 0 1 0 0 1 1 0 0 1 0 1 1 0 0 1 1 0 1 0 0 1 1 0
0 1 0 1 1 0 0 1 1 0 1 0 0 1 1 0 0 1 0 1 1 0 0 1 1 0 1 0 0 1 1 0 0 1 0 1 1 0 0 1 1 0 1 0 0
1 1 0 0 1 0 1 1 0 0 1 1 0 1 0 0 1 1 0 0 1 0 1 1 0 0 1 1 0 1 0 0 1 1 0 0 1 0 1 1 0 0 1 1 0
1 0 0 1 1 0 0 1 0 1 1 0 0 1 1 0 1 0 0 1 1 0 0 1 0 1 1 0 0 1 1 0 1 0 0 1 1 0 0 1 0 1 1 0 0
1 1 0 1 0 0 1 1 0 0 1 0 1 1 0 0 1 1 0 1 0 0 1 1 0 0 1 0 1 1 0 0 1 1 0 1 0 0 1 1 0 0 1 0 1
1 0 0 1 1 0 1 0 0 1 1 0 0 1 0 1 1 0 0 1 1 0 1 0 0 1 1 0 0 1 0 1 1 0 0 1 1 0 1 0 0 1 1 0 0
1 0 1 1 0 0 1 1 0 1 0 0 1 1 0 0 1 0 1 1 0 0 1 1 0 1 0 0 1 1 0 0 1 0 1 1 0 0 1 1 0 1 0 0 1
1 0 0 1 0 1 1 0 0 1 1 0 1 0 0 1 1 0 0 1 0 1 1 0 0 1 1 0 1 0 0 1 1 0 0 1 0 1 1 0 0 1 1 0 1
0 0 1 1 0 0 1 0 1 1 0 0 1 1 0 1 0 0 1 1 0 0 1 0 1 1 0 0 1 1 0 1 0 0 1 1 0 0 1 0 1 1 0 0 1
1 0 1 0 0 1 1 0 0 1 0 1 1 0 0 1 1 0 1 0 0 1 1 0 0 1 0 1 1 0 0 1 1 0 1 0 0 1 1 0 0 1 0 1 1
0 0 1 1 0 1 0 0 1 1 0 0 1 0 1 1 0 0 1 1 0 1 0 0 1 1 0 0 1 0 1 1 0 0 1 1 0 1 0 0 1 1 0 0 1
0 1 1 0 0 1 1 0 1 0 0 1 1 0 0 1 0 1 1 0 0 1 1 0 1 0 0 1 1 0 0 1 0 1 1 0 0 1 1 0 1 0 0 1 1
0 0 1 0 1 1 0 0 1 1 0 1 0 0 1 1 0 0 1 0 1 1 0
```

Tabelle 7.1 Morse-Thue Folge der 11. Generation.

Eine andere Möglichkeit, diese Ziffernfolge darzustellen, ist die als „bar code", wie er auf den meisten Artikeln heute zu finden ist. In dieser Darstellungsweise werden überall dort, wo die Einsen zu finden sind, senkrechte Striche gezeichnet, während die Nullen einfach durch Leerstellen ersetzt werden. Daneben bevorzugt Dr. Googol die Darstellung dieser Zahlenreihe durch botanische Symbole, wie zum Beispiel die folgende Reihe der siebten Generation zeigt, bei der die Einsen durch Blumensymbole ersetzt werden und die Nullen durch Leerstellen:

0 1 1 0 1 0 0 1 1 0 0 1 0 1 1 0 0 1 1 0 1 0 0 1 1 0 0 1 0 1 1 0 0 1 1 0
1 0 0 1 1 0 0 1 0 1 1 0 0 1 1 0 1 0 0 1 1 0 0 1 0 1 1 0 0 1 1 0 1 0 0 1
1 0 0 1 0 1 1 0 0 1 1 0 1 0 0 1 1 0 0 1 0 1 1 0 0 1 1 0 1 0 0 1 1 0 0 1
0 1 1 0 0 1 1 0 1 0 0 1 1 0 0 1 0 1 1 0

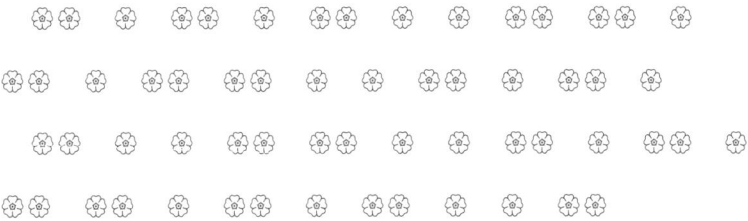

Das Diagramm sieht noch besser aus, wenn man anstelle der Blumen Bäume verwendet. Das Muster nimmt dann noch regelmäßigere Züge an. Wie wäre es wohl, diesen seltsam gepflanzten Wald zu durchwandern? Stellen Sie sich vor, wie es wäre, Hand in Hand mit einem geliebten Menschen den unendlich ausgedehnten Morse-Thue-Wald zu durchstreifen.

Weitere Eigenschaften dieser Sequenz finden Sie im Anhang zum Kapitel 7.

Einige Hilfestellungen zur computergestützten Berechnung dieser Folge finden sich unter: www.oup-usa.org/sc/0195133420.

8 Interview mit einer Zahl

> Gott hat uns die natürlichen Zahlen gegeben, alles andere ist Menschenwerk.
>
> *Leopold Kronecker*

Wenn wir der Bestsellerautorin Anne Rice glauben schenken können, dann unterscheiden sich die Vampire kaum von uns Menschen, abgesehen von der Tatsache, dass sie ein Leben im Geheimen leben. Vampire gibt es auch in den Welten der Mathematik zum Beispiel Zahlen, die auf den ersten Blick absolut gewöhnlich aussehen, aber verborgene Eigenschaften aufweisen. So existieren Zahlen, die sich als das Produkt zweier Zahlen herausstellen, deren einzelne Ziffern die Multiplikation „überlebt" haben und im Produkt wieder auftauchen, und die wir Vampirzahlen nennen wollen. Als erstes schauen wir uns das Produkt der beiden Zahlen 27 und 81 an. Es lautet 2187, alle Ziffern der Ausgangszahlen finden sich in ihr wieder. Eine weitere Vampirzahl ist 1435, nämlich das Produkt aus 35 und 41.

Dr. Googol bezeichnet die Zahlen als echte Vampirzahlen, die – wie die beiden Beispiele oben – 3 Regeln befolgen: Sie besitzen eine gerade Anzahl an Ziffern. Jede der beiden Ausgangszahlen weist genau die Hälfte der Ziffern auf, die in der Vampirzahl später wieder zu finden sind. Und zu guter Letzt: eine echte Vampirzahl entsteht nicht durch simples Hinzufügen von Nullen an schon bestehende Ausgangszahlen, wie dies bei

$$270\,000 \times 810\,000 = 218\,700\,000\,000$$

der Fall wäre.

Echte Vampire würden sich auch nicht so offensichtlich enttarnen lassen.

Diese Vampirzahlen leben ein verborgenes Leben innerhalb unseres Zahlensystems, und die meisten sind bis heute noch unbekannt. Als sich Dr. Googol nun seinen silbernen Spiegel und einige Holzpflöcke griff, um sie ausfindig zu machen, entdeckte er, dass außer den beiden vierstelligen Zahlen oben noch 5 weitere vierstellige Vampirzahlen zu existieren scheinen. Können Sie noch mehr finden? Gibt es Vampirzahlen mit mehr als 4 Stellen?

Antworten finden sich im Anhang zum Kapitel 8.

9 Hartnäckige Zahlen

> Wissenschaft hat nichts mit Kontrolle zu tun. In ihr geht es vielmehr um eine immer währende Pflege des Wunders angesichts einer Sache, die sich immer weiterentwickelt, stets reicher und tiefer als es die vorangegangenen Erklärungsmuster waren. Ihr Kern ist Demut, nicht die Beherrschung.
>
> *Richard Power*, Die Goldkäfer-Variationen

Dr. Googol hatte einen Lehrauftrag an der Harvard Universität angenommen, wo er einen Sommer lang unterrichtete. Als er vor einer Gruppe ehrgeiziger Postdoktoranden stand, lächelte er Monika, seine Studentin, an.

Er ging zur Tafel und schrieb:

969 486 192 18 8

Er drehte sich zur Klasse um. „Kann irgendjemand von Ihnen mir sagen, wie diese Zahlenreihe zustande gekommen ist?"

Monika meldet sich sofort. „Ja, in dieser Reihe ist eine jede Zahl das Produkt aus den einzelnen Ziffern der vorausgehenden Zahl."

„Monika, Sie erstaunen mich immer wieder. Nun lassen Sie mich Ihnen etwas über die Zahl 969 und ihr Beharrungsvermögen oder ihre Persistenz erzählen. Als die Persistenz einer Zahl bezeichnet man die Anzahl an Schritten, die notwendig ist, um die Zahl in der oben aufgeführten Art und Weise auf eine einzige Ziffer zu reduzieren – in unserem Beispiel ist 4 die Persistenz der Zahl 969. Nun stelle ich Ihnen 2 verteufelt schwierige Fragen:
1. Welches ist die kleinste denkbare Zahl mit einer Persistenz von 3?

2. Welches ist die kleinste Zahl, die eine Persistenz von 12 aufweist? Nur nebenbei, diese Frage ist so schwierig, dass Sie gar nicht erst versuchen sollten, sie zu lösen."

Dr. Googol schaute seine verwirrten Studenten an. Sogar Monika erschien überfordert und fuhr sich mit zittrigen Fingern durch ihr dunkles Haar.

Dr. Googol sah Monika tief in die Augen. „Monika, ich gebe Ihnen 100 $, wenn Sie die erste Frage beantworten können, und jedem von Ihnen 1000 $, der in der Lage ist, die zweite Frage richtig zu beantworten. Ich gebe Ihnen so viel Zeit wie Sie wollen, um über dieses faszinierende und vertrackte Problem nachzudenken."

Einige weitere Anmerkungen finden Sie im Anhang zum Kapitel 9.

Teil II

Verschrobene Fragen, sonderbare Listen und spitzfindige Kommentare

Die Existenz Gottes wird durch die Logik der Mathematik bewiesen, die des Teufels dadurch, dass wir diese Logik nicht nachweisen können.

Morris Kline, Mathematische Gedanken von der Antike zur Moderne

Goethe weigerte sich, ein Mikroskop zu benutzen, weil er fest daran glaubte, dass das, was man mit dem bloßen Auge nicht erkennen kann, nicht gesehen werden sollte und dass das, was sich vor uns verbirgt, aus gutem Grund verborgen ist. In diesem Punkt war Goethes Ansicht für die Wissenschaften skandalös. Deren oberstes, unerschütterliches und notwendiges Prinzip ist ja, dass wenn es getan werden kann, dies auch getan werden muss.

John Bainville, „Schönheit, Charme und Merkwürdigkeit: Wissenschaft als Metapher", Science 291, 1998

Zusätzlich zu seiner Begeisterung für natürliche Zahlen besitzt Dr. Googol außerdem eine Vorliebe für mathematikbezogene Listen. Er stellt ja ständig viele Fragen: „Was wäre wenn?", „Wer ist das?", „Bitte einordnen!", „Warum ist dies so?". Viele der nachfolgenden Listen entstanden auf der Basis von Informationen, die in Diskussionen mit Mathematikern und der Auseinandersetzung mit deren Werken gesammelt wurden. Diese Ranglisten sind natürlich nicht einzige Maßgabe in den einzelnen Rubriken. Sie sind vielmehr, wie es der talmudischen Tradition von Behauptung und Analyse entspricht, Grundstock für weitere Diskussionen. Zweifellos werden Sie mit einigen der Rangordnungen nicht einverstanden sein, aber genau so soll es sein: Nur auf diese Weise entsteht eine lebhafte philosophische Debatte. Viel Spaß damit! Dr. Googol freut sich über jeden Kommentar.

10 Was wäre, wenn wir Botschaften von den Sternen erhielten?

Wir sind uns ziemlich sicher, dass eine außerirdische Botschaft ein mathematischer Code sein muss. Sehr wahrscheinlich sogar ein Zahlencode. Mathematik ist die einzige Sprache, die wir womöglich mit anderen intelligenten Lebensformen im Universum gemeinsam haben. Soweit ich es verstanden habe, gibt es keine andere Form der Wahrheit, die so unabhängig von unserer Wahrnehmung und in sich selbst schlüssig ist, wie die mathematische.

Don DeLillo, Ratners Stern

Stellen Sie sich vor, eines Tages erscheinen fremde Raumschiffe am Himmel. Oder Sie schalten morgens das Radio ein und hören einen seltsamen, pulsierenden Ton und müssen auch noch feststellen, dass dasselbe Phänomen auf der ganzen Welt auftaucht.

Dr. Googol spielt oft mit der Vorstellung, dass er ein cleveres Computergenie ist, das beobachtet, wie ein gigantisches außerirdisches Raumschiff sich unserem Planeten nähert und eine zyklische Tonfolge an alle Nationen der Welt übermittelt. Alle Welt versucht nun aufgeregt, die Botschaft der Außerirdischen zu verstehen – aber nur Dr. Googol kann sie entziffern: Es handelt sich um einen Countdown für einen Vernichtungsschlag. Der Präsident der USA versucht, mit den *Aliens* zu verhandeln.

Diese lassen den Erdlingen nur eine Wahl: Sklaverei oder Tod. Die Außerirdischen demonstrieren ihre außerordentliche Waffenstärke durch die Zerstörung einiger Städte, während die Streitkräfte vieler Staaten erfolglos versuchen, sich zur Wehr zu setzen.

Aber jetzt mal weg von solchen Fantastereien. Wenn wir wirklich eine Botschaft von den Sternen erhalten würden, die von uns verstanden werden sollte, wie würde sie übermittelt werden und wie schwierig wäre es, sie zu entziffern? Und angenommen, wir wollten antworten, wie sähe unsere Antwort aus? Eine Möglichkeit bestünde darin, dass entweder wir oder die Außerirdischen Radiowellen verwenden, die irgendwo zwischen 1 und 1000 Megahertz liegen. Radiowellen dieser Frequenz können nämlich leicht intergalaktische Distanzen überbrücken und werden von Atmosphären, die unserer ähnlich sind, nicht verzerrt. Der erste Teil der Botschaft sollte zwar einfach gehalten sein, aber dennoch Neugierde wecken, wie etwa die Zahlenfolge 1, 2, 3, … Daran könnten sich dann interessante Botschaften anschließen.

Viele Sciencefictionromane beschäftigen sich intensiv mit diesen Fragen. So entdecken zum Beispiel in Buzz Aldrins und John Barnes' Roman „Begegnung mit Tiber" die Astronomen auf der Erde ein Signal. Dieses geht von Alpha Centauri aus, einem Sternensystem, das aus 3 Sternen besteht, deren nächster 4,3 Lichtjahre von der Erde entfernt ist. Die Wissenschaftler versuchen herauszufinden, um welche der Sterne der außerirdische Sender kreist, indem sie die Doppler-Verschiebung analysieren, die von dem Objekt abgestrahlt wird. (Hierbei handelt es sich um ein Phänomen aus der Akustik bzw. Optik. Wird eine Ton- oder Lichtquelle relativ zu einem Rezeptor bewegt und breitet sich die von ihr erzeugte Welle mit konstanter Geschwindigkeit aus, so empfindet dieser Rezeptor je nachdem, ob die Quelle sich ihm nähert oder sich von ihm entfernt, eine Veränderung der Signalfrequenz. Dies ist darauf zurückzuführen, dass die Anzahl der Schwingungen, die in einer festen Zeiteinheit auf den Rezeptor treffen, ansteigt, wenn sich die Quelle nähert, und sich vermindert, wenn sich der Abstand zwischen Rezeptor und Quelle vergrößert. Ein alltägliches Beispiel ist die Veränderung der Tonhöhe der Sirene eines sich nähernden Rettungswagens. Bei der Annäherung erscheint der Ton höher als bei einem sich entfernenden Fahrzeug. Bei Lichtquellen erfolgt eine entsprechende Verschiebung hin zu niedrigen Frequenzen (Rotverschiebung; Anm. d. Ü.).

Einige Teile des Signalstroms scheinen einer verborgenen Ordnung zu gehorchen und erinnern an eine Tonfolge, bei der sich zwei unterschiedliche Tonhöhen mit enormer Frequenz abwechseln. Unglücklicherweise entpuppt sich die Erdatmosphäre als nahezu unpassierbar für Wellen im 96-m-Band, da diese die Ionosphäre nur schwer durchdringen können. Deshalb ist es unmöglich, selbst mit den besten erdgestützten Radioteleskopen, auch nur ein wenig mehr als sporadische Schnipsel der Botschaft zu empfangen. Glücklicherweise können sich die Wissenschaftler dadurch behelfen, dass sie einfache Radioantennen auf einer die Erde umkreisenden Raumstation installieren, um das Signal aufzuzeichnen.

Obwohl sie eher nichts erwarten, forschen die Wissenschaftler weiter und entdecken innerhalb des Signals eine Folge aus hohen und tiefen Tönen und Pausen. Wenn man nun annimmt, dass die Pausen als Zwischenräume zwischen den in Dreiergruppen ankommenden Signalen sind, so ergibt sich der Schluss, dass es sich um die Darstellung von Zahlen in einem System auf der Basis der 8 handeln könnte.

Die Wissenschaftler bezeichnen die hohen Töne als „Piepser" (unten durch ein ◆ dargestellt) und die tiefen Töne als „Hupen" (als ◆ gezeichnet). Eine Dreiergruppe, die aus diesen beiden Signalen bestehen kann, lässt acht verschiedene Anordnungen zu:

Die Zeichen stehen für die Ziffern 0 bis 7, 8 Ziffern, die das Octalsystem der Basis 8, bilden. Die gesamte Folge der Ziffern, die in der Botschaft zu finden ist, könnte sowohl einen Text als auch eine Bildersequenz repräsentieren.

Das auf der Erde gebräuchlichste Zahlensystem ist das Dezimalsystem, das auf der Basis 10 aufbaut. Wir haben also 10 Ziffern, die von 0 bis 9. In diesem Zehnersystem steht eine jede Ziffer für eine Potenz der Zahl 10. So kann die Zahl 2010 gelesen werden als 2 × 1000 + 0 × 200 + 1 × 10 + 0 × 1 oder $2 \times 10^3 + 0 \times 10^2 + 1 \times 10^1 + 0 \times 10^0$. Es gibt natürlich keinen Grund, warum Außerirdische dieses Zahlensystem verwenden sollten. Daher ist es auch äußerst unwahrscheinlich, dass uns fremde Botschaften in diesem System übermittelt werden. Auf der Erde wird es auch deshalb verwendet, weil wir Menschen 10 Finger haben. Wenn nun unser Zehnersystem einiges über die Anzahl unserer Finger verrät, welchen Schluss ließe ein Achtersystem auf die Anatomie der Außerirdischen zu? Vielleicht hieße es, dass die *Aliens* 2 Arme und Händen besäßen, die 3 Finger und 1 Daumen, aufweisen oder 4 Arme mit jeweils 2 Fingern oder aber, dass es sich bei den Fremden um Wesen mit 8 Tentakeln handelt. Noch verrückter wäre die Vermutung, dass diese Sequenz darauf verweist, dass die Außerirdischen 3 Köpfe besitzen und die 8 unterschiedlichen Tonfolgen die möglichen Kopfstellungen repräsentieren. (Natürlich muss dieses Zahlensystem auch gar nichts mit ihrer Anatomie zu tun haben. Verrät uns denn das babylonische System, das auf der Zahl 60 aufbaut, etwas über das Aussehen der Bewohner des Zweistromlandes?)

Die Wissenschaftler jedenfalls beschäftigen sich weiter mit diesen Tonfolgen und stellen fest, dass sie sich alle 11 Stunden und 20 Minuten wiederholen. Die 16 769 021 Zahlen bilden Dreiergruppen, von denen jede 2,5 Sekunden benötigt, um übermittelt zu werden. Alles in allem werden also 16 384 Zahlengruppen übermittelt. Was hat dies zu bedeuten?

Die erste Maßnahme ist, sich der Zahl 16 769 201 zuzuwenden und diese auf ihre eventuelle Bedeutung hin zu untersuchen. Es stellt sich heraus, dass sie das Produkt zweier Primzahlen ist, nämlich von 4093 und 4097. Da Primzahlen definiert sind als Zahlen, die nur durch 1 und sich selbst teilbar sind, könnte es sich bei der Botschaft um ein Muster oder Gitternetz handeln, dessen Seitenlängen 2 Primzahlen entsprechen. Daraus folgt sofort, dass sich nur ganz bestimmte Anordnungen von Zahlen innerhalb dieses Musters realisieren lassen. (So könnte es sich zum Beispiel um ein Bild handeln, das pixelweise kodiert ist). Würde eine andere Anzahl an Zahlen verwendet, wie etwa 10 000 000, so ergäbe sich eine deutlich höhere Anzahl an möglichen Anordnungen, wie 5 × 2 000 000 oder 10 000 × 1000 oder 5000 × 2000 usw., und es wäre sehr schwierig, die Botschaft zu entschlüsseln.

Im Buch „Begegnung mit Tiber" stellt sich schließlich heraus, dass die 8 Kombinationen von Piepsen und Hupen acht verschiedene Intensitäten innerhalb eines Bildes darstellen, wobei die 0 für Schwarz steht, 7 für Weiß und die Zahlen 1 bis 6 Graustufen repräsentieren. Nachdem die Wissenschaftler dies herausgefunden und die Zahlenfolgen in ein Raster von 4093 × 4097 Pixeln übertragen haben, wird offensichtlich, dass es sich bei der Botschaft um die Bilderfolge eines Films handelt. Werden die einzelnen Raster nämlich hintereinander abgespielt, so sind acht Wesen zu sehen, die winkend ein Raumschiff besteigen! Darauf folgen noch weitere Botschaften, die mitteilen, wie eine riesige außerirdische Enzyklopädie abgerufen werden kann. Diese enthält Informationen über jene Kultur, die der menschlichen um Jahrhunderte voraus ist; sie enthält Gedichte, Gemälde, Musik, Literatur, Fakten über Wissenschaft und Technik und sogar Witze.

Würde Sie eine solche Enzyklopädie interessieren? In „Begegnung mit Tiber" äußern einige Menschen die Befürchtung, daß die Menschheit noch nicht reif genug ist, auf solches Wissen zurückzugreifen. „Was wäre, wenn Napoleon schon Atombomben besessen hätte?", werfen einige der Wissenschaftler und Politiker ein. „Wie hätte der amerikanische Bürgerkrieg ausgesehen, wenn damals schon Flugzeuge zum Einsatz gekommen wären und die Städte bombardiert hätten?" Sollte ein solches fortgeschrittenes Wissen allen Nationen zugänglich gemacht werden?

Denken Sie nicht auch, dass eine Kontaktaufnahme mit außerirdischen Intelligenzen eine weltweite Panik nach sich ziehen würde? Der Psychologe Carl Gustav Jung glaubte, dass ein solcher Kontakt mit weit überlegenen Wesen demoralisierend auf uns wirken würde. Wir müssten dann nämlich erfahren, dass wir Menschen für diese Wesen die gleiche Stellung einnehmen, wie unsere Haustiere sie in unserer Welt haben. Ängste und Neidausbrüche wären die Folge. Weltweit würden sich extremistische Gruppen bilden, die alles daran setzen würden, die Aliens zu töten.

Weitere Informationen über Außerirdische, Zahlenfolgen und Botschaften von den Sternen werden Ihnen im Anhang zu Kapitel 10 gegeben.

11 Eine Rangliste der 5 verschrobensten Mathematiker, die je gelebt haben

Erdös hatte Müsli über den ganzen Fußboden verstreut. Er war nicht in der Lage, ein Fenster zu schließen. Er stand morgens um 4 Uhr auf und schrie zahlentheoretische Abhandlungen. Mag sein, dass Paul Erdös der schlimmste aller Erdenbewohner war, er war immerhin auch der großmütigste und produktivste Mathematiker der Welt.

Paul Hofman, Der Mann, der die Zahlen liebte

Die meisten in der Klasse nahmen Ted Kaczynski als so eine Art Alien wahr, oder aber gar nicht.

Robert McFadden, New York Times

Freiheit bedeutet Macht zu besitzen. Jedoch nicht Macht über andere Menschen, sondern die Macht, ein selbstbestimmtes Leben zu führen.

Manifest des UNA-Bombers

Auf die Frage nach den verschrobensten Mathematikern ergab sich eine sehr deutliche Mehrheit für die folgenden 5.

1. **Paul Erdös** (1913–1996) Dieser legendäre Mathematiker, einer der schöpferischsten in der Geschichte, hatte sich so sehr der Mathematik verschrieben, dass er ein mehr oder weniger nomadisches Leben ohne festen Wohnsitz und feste Anstellung führte. Er hatte eine starke Abneigung gegen jede Form von Sexualität, ja selbst ein zufälliger, unbeabsichtigter Körperkontakt war ihm schon zuwider. Noch in seinem letzten Lebensjahr postulierte er, 83-jährig, Theoreme und hielt Vorlesungen. Er widerlegte damit die landläufige Meinung, dass Mathematiker nur in jungen Jahren Spitzenleistungen erbringen können. Dazu sagte Erdös einmal selbst:

Das erste Anzeichen von Senilität ist, wenn man sich nicht mehr an seine eigenen Theoreme erinnern kann. Das zweite ist, wenn man den Hosenstall nicht mehr schließt. Das dritte, wenn man ihn gar nicht erst öffnet.

Paul Hoffman, Autor des Buches „Der Mann, der die Zahlen liebte," merkt noch an:

Erdös hat sich mit mehr mathematischen Problemen beschäftigt als je ein Mathematiker vor ihm. Er war in der Lage, Details aus seinen mehr als 1500 Veröffentlichungen zu zitieren. Durch Kaffee wach gehalten, verbrachte er 19 Stunden am Tag mit Mathematik, und wenn Freunde ihn zur Mäßigung aufriefen, erwiderte er stets das Gleiche: „Zeit habe ich genug, wenn ich tot bin."

2. Srinivasa Ramanujan (1887–1920) Ramanujan begann als kleiner Schalterbeamter im indischen Madras und entpuppte sich als das größte mathematische Genie Indiens und als einer der größten Mathematiker des 20. Jahrhunderts. Er leistete wesentliche Beiträge zur analytischen Zahlentheorie und arbeitete auf den Gebieten der elliptischen Funktionen, der erweiterten Brüche und der unendlichen Reihen. Er stammte aus einer armen Familie und seine Mutter musste immer noch Untermieter aufnehmen, die für ein volles Haus sorgten. Er war sehr schüchtern und hatte Hemmungen zu sprechen. Er war zwar sehr gut in Mathematik, hatte in allen anderen Fächern aber Schwierigkeiten. Im Alter von 13 Jahren lieh er sich ein Lehrbuch der Höheren Mathematik aus und arbeitete es in einer einzigen Woche durch. Da ihm keine Materialien zur Verfügung standen, die ihm die korrekte Art mathematischer Beweisführung vermittelten, entwickelt er eine eigene, ziemlich seltsame Methode. Der Mathematiker G.H. Hardy bemerkt dazu:

Seine Ideen, wie ein mathematischer Beweis auszusehen habe, waren sehr nebulös. Alle seine Ergebnisse, egal ob bekannt oder neu, richtig oder falsch, wurden auf eine Art und Weise erzielt, die Argumente, Intuition und Induktion so vermischte, dass er selbst nicht einmal in der Lage war, sie schlüssig darzustellen.

Obwohl er ein mathematischer Autodidakt war, bekam er eine Anstellung an der Universität von Madras im Jahre 1903, die er aber im folgenden Jahr wieder verlor, weil er sich ausschließlich der Mathematik zuwandte und seine anderen Verpflichtungen vernachlässigte. Hardy, der am Trinity College in Cambridge Professor war, lud ihn aufgrund eines inzwischen historisch gewordenen Briefes, den Ramanujan ihm geschrieben hatte, nach England ein. In diesem Brief waren einige hundert Theoreme formuliert, die Hardy, der selbst einer der führenden Experten für Analysis war, völlig unbekannt waren. Er schreibt dazu:

> Diese Beziehungen schlugen mich komplett in ihren Bann; niemals zuvor hatte ich etwas Vergleichbares gesehen. Ein einziger Blick genügte, um mich davon zu überzeugen, dass sie nur von einem außerordentlichen Mathematiker verfasst sein konnten.

Einige Jahre später erkrankte Ramanujan, der durch seine streng vegetarische Lebensweise gesundheitlich angeschlagen war, an Tuberkulose. Aber weder seine Ärzte noch seine Verwandten konnten ihn davon abhalten, seine Studien weiter zu betreiben. Im Februar 1919 kehrte er nach Indien zurück, wo er 32-jährig im April des Jahres 1920 starb. Er formulierte in seinem Leben gut 600 Theoreme, die er meistens auf losen Zetteln notierte. Diese wurden erst im Jahr 1976 von Professor George Andrews von der Pennsylvania State University entdeckt, der sie als „Ramanujans Verlorenes Notizbuch" bezeichnete. Viele der darin enthaltenen Formeln nehmen heute eine zentrale Stellung im Bereich der algebraischen Zahlentheorie ein. Selbst heute noch zeigen sich viele Gelehrte verwundert darüber, dass er sie formulieren konnte, ohne dass er das Basiswissen besaß, mit dem er überhaupt verstehen konnte.

3. Pythagoras (580–500 v.Chr.) Der griechische Philosoph Pythagoras trieb wesentliche Entwicklungen in den Bereichen Mathematik, Astronomie und Musiktheorie voran. Für den Philosophen Bertrand Russell war Pythagoras einer der wichtigsten Menschen, die je gelebt haben. Er war einer der verblüffendsten Mathematiker, gründete er doch einen Zahlenkult, dessen wichtigste Glaubenssätze die Seelenwanderung und die Sündhaftigkeit des Verzehrs von Bohnen, neben vielen weiteren verrückten Regeln und Vorschriften, waren.

4. Theodore Kaczynski (geb. 1942) Ted Kaczynski ist auch als der UNA-Bomber bekannt. Als Mathematiker machte er schnell akademische Karriere, selbst dann noch, als er sich schon zu einem emotionalen Krüppel, Einzelgänger und Mörder entwickelt hatte. Seine sich auferlegte 25-jährige Isolation in den Wäldern von Montana entsprach dem Wesen eines Mannes, der immer allein gewesen war. Die *New York Times* vom 26. Mai 1996 bemerkte dazu, dass die Holzhütte, in die er sich zurückgezogen hatte, „das richtige Zuhause war für ein Genie, das Einsamkeit, Abgeschiedenheit und peinliche Ordnung schätzte und das Talent besaß, die Geheimnisse der Mathematik zu durchdringen und die Gefahren der Technisierung zu erkennen, aber nie in der Lage war, das Gefühl der Liebe oder der Freundschaft zu entwickeln". Die Abgeschiedenheit seiner kleinen Hütte sollte sowohl die anderen von ihm fern halten, als auch seine Freiheit symbolisieren. Bevor er sich in die Einsamkeit zurückzog, verfasste er einige bemerkenswerte Werke über Funktionen in Ringen (ein Teilbereich der Funktionsanalysis) und über Randfunktionen. Obwohl er einen IQ von 170 besaß, hatte er einige sonderbare Eigenschaften: Er war außerordentlich (pathologisch) schüchtern, er war fasziniert von Körpergeräuschen, er führte regelmäßige Schaukelbewegungen aus und er besaß eine übertriebene Furcht vor Infektionskeimen und anderen gesundheitlichen Risiken. Seine Studentenbude stank vor verrotteter Nahrung und war voller Abfälle. Nach zweijähriger Lehrtätigkeit und der Veröffentlichung mathematischer Abhandlungen, die seine Kollegen beeindruckten und ihm eine Berufung an eine der bedeutendsten Universitäten des USA einbrachten, kündigte er plötzlich und verbrachte danach beinahe sein halbes Leben in den Wäldern. Dort plante er auch seine Anschläge, mit denen er 3 Menschen tötete und 22 verletzte.

Sein ganzes Leben lang wurde Kaczynski von der Angst gequält, Fehler zu machen, und er korrigierte immer die Fehler anderer. Oft schloss er sich tagelang in seinem Zimmer ein, unfähig, Kontakt mit anderen Menschen aufzunehmen. Obwohl er sicherlich nicht so einflussreich war wie Erdös, Ramanujan oder Pythagoras, so sind seine Veröffentlichungen dennoch anspruchsvoll genug, ihn in diese Liste aufzunehmen.

5. John Nash (geb. 1928) Dieser brillante Mathematiker erhielt 1994 den Nobelpreis für Wirtschaftswissenschaften. Seine preisgekrönte Arbeit, seine nur 27 Seiten umfassende Doktorarbeit, die er im Alter von 21 Jahren verfasste, erschien allerdings schon ein halbes Jahrhundert vorher.

Im Jahre 1950 stellte der Princeton-Student John Nash ein Theorem auf, das es möglich machen sollte, die Spieltheorie auf wirtschaftswissenschaftliche Fragestellungen anzuwenden. Er war extrem rational und unterzog viele Entscheidungen in seinem Leben – ob er diesen oder den nächsten Aufzug nehmen sollte, ob er heiraten sollte – einer Kosten-Nutzen-Analyse und unterwarf sie mathematischen Regeln, um jegliche Emotionen auszuschließen. 1958 wurde Nash vom Fortune-Magazin aufgrund seiner Beiträge zur Spieltheorie, zur algebraischen Geometrie und zur nichtlinearen Theorie zum „Besten Mathematiker der jüngeren Generation" gekürt. Sein Erfolg schien unaufhaltsam, bis er im Jahre 1959 in die Psychiatrie eingewiesen wurde und man Schizophrenie diagnostizierte. Nach seinen Jugendjahren voller Genialität, taumelte Nash nun von einer Schizophrenie in die nächste und glaubte, Außerirdische hätten ihn zum Kaiser der Antarktis ernannt. Ein anderes Mal glaubte er, er sei die Verkörperung des Messias. Die Universität Princeton hielt zu Nash und ermöglichte ihm weitere 30 Jahre den Zutritt zur Mathematischen Fakultät. Dort kritzelte er nur noch bizarre Gleichungen an die Tafeln der Vorlesungsräume und suchte nach geheimen Mitteilungen in Zahlen. Er war überzeugt, dass den gewöhnlichsten Dingen – einem Telefon, einer bunten Krawatte, einem übers Gras laufenden Hund, einem hebräischen Buchstaben oder irgendeiner Zeile in einem Zeitungsartikel – eine wichtige Bedeutung innewohne. Leider verfiel auch sein Sohn der Schizophrenie. Auch er war mathematisch so begabt, dass ihm die Rutgers University einen Doktortitel verlieh. John Nash bemerkte einmal: „Ich würde nicht wagen zu behaupten, daß es einen direkten Zusammenhang zwischen Mathematik und Wahnsinn gibt, aber es besteht kein Zweifel, dass große Mathematiker manische Charakterzüge besitzen, in Delirien fallen oder aber Anzeichen von Schizophrenie aufweisen."

Die bekannteste Biographie über John Nash ist die von Sylvia Nasar: „A Beautiful Mind".

12 Eine Rangliste der 10 einflussreichsten Mathematiker, die je gelebt haben

Betrachtet man die Mathematik von ihren Anfängen bis hin zu Newton, so hat er mehr als die Hälfte davon geschaffen.

Gottfried Wilhem Leibniz

Keine große Entdeckung wurde je gemacht, ohne dass ihr eine kühne Vermutung vorausging.

Isaac Newton

Welcher der unzähligen berühmten Mathematiker, die den Lauf der menschlichen Geschichte beeinflussten, hat wohl die größte Wirkung auf unser Leben und Denken gehabt? Hier werden die 10 aufgezählt, die als die maßgebendsten gelten. An erster Stelle steht Isaac Newton. (Unbekannte Personen, wie zum Beispiel die, die die ersten Zahlendarstellungen an Höhlenwände ritzten, wurden nicht in die Liste aufgenommen.)

Was Dr. Googol sehr überraschte, war das hohe Maß an Übereinstimmung, das er in den Antworten auf seine Anfrage fand. Stellen Sie doch einmal Ihre ganz persönliche Mathematiker-Rangliste auf und überprüfen Sie, inwieweit sie mit der hier vorliegenden übereinstimmt.

1. **Sir Isaac Newton** (1643–1727) Ein herausragender englischer Mathematiker, Physiker und Astronom. Er und Gottfried Wilhelm Leibniz erfanden, unabhängig voneinander, die Differentialrechnung. Newton war eine so einflussreiche Figur, dass einige biografische Details durchaus von Interesse sein dürften. Geboren wurde er am 4. April 1643. Sein Vater war bereits vor seiner Geburt gestorben. Anfang 20 erfand er die Differentialrechnung. Er wies nach, dass sich weißes Licht aus verschiedenen Farben zusammensetzt, er erklärte das Phänomen des Re-

genbogens, baute das erste Spiegelteleskop, entdeckte den binomischen Lehrsatz, führte die Beschreibung in Polarkoordinaten ein und zeigte, dass die Kraft, die Äpfel von Bäumen fallen lässt, dieselbe ist, die Planeten dazu bringt, um die Sonne zu kreisen, und die Gezeiten entstehen lässt. Viele von Ihnen wissen wahrscheinlich nicht, dass Newton ein fundamentalistischer Verfechter der Bibel war, der fest an die Existenz von Engeln, Dämonen und des Teufels glaubte. So nahm er das Buch der Genesis wortwörtlich und glaubte, dass die Erde nur ein paar tausend Jahre alt sei. Newton verbrachte einen Großteil seiner Zeit damit, nachzuweisen, dass das Alte Testament exakte Geschichtsschreibung war. Da drängt sich die Frage auf, wie viele physikalische Probleme Newton noch hätte lösen können, wenn er nicht so viel Zeit mit seinen Bibelforschungen „vergeudet" hätte. Er behauptete auf jeden Fall, dass viele seiner physikalischen Entdeckungen mehr auf spielerischer Beschäftigung mit dem Problem als auf zielgerichtete und systematische Erforschung zurückzuführen seien. Er sah sich gerne als kleinen Jungen, „der am Strand spielt und sich vom Fund eines außerordentlich glatten Kieselsteins oder einer wunderschönen Muschel ablenken lässt, während der große Ozean der Wahrheit unberührt vor mir lag". Wie viele andere namhafte Wissenschaftler auch (Nikola Tesla oder Oliver Heaviside, zum Beispiel) war Newton eher verschroben. Er entwickelte überhaupt kein Interesse an Sex, war nie verheiratet und lachte nie (obwohl man ihn schon einmal lächeln sah). Newton erlitt einen schweren Nervenzusammenbruch und manche vermuten, dass er zeit seines Lebens manisch-depressiv veranlagt war, da er zwischen Phasen tiefster Melancholie und glücklichsten Schaffenszeiten schwankte. Heute würde ihm wohl eine bipolare Störung diagnostiziert werden.

2. **Johann Carl Friedrich Gauß** (1777–1855) Gauß befasste sich mit vielen Themenstellungen der Mathematik und Physik, wie Algebra, Wahrscheinlichkeitsrechnung, Statistik, Zahlentheorie,

Analysis, Differentialgeometrie, Landvermessung, Magnetismus, Astronomie und Optik. Sein Schaffen hatte auf viele Gebiete immensen Einfluss. Als er ein kleiner Junge war und sein mathematisches Talent dem Herzog von Braunschweig auffiel, kam dieser für seine Erziehung auf. 1989 wurde ein in Latein abgefasstes Notizbuch entdeckt, das der junge Gauß seit seinem 15. Lebensjahr geführt hatte und in dem er viele bemerkenswerte Ergebnisse aufgezeichnet hatte, wie zum Beispiel das Primzahl-Theorem und seine Ideen zur nichteuklidischen Geometrie. Er veröffentlichte Schriften zur Astronomie, Fehlerrechnung, Differentialgleichung, Optik und Magnetismus. Manuskripte, die erst lange Zeit nach seinem Tod veröffentlicht wurden, zeigen, dass er noch andere wichtige Entdeckungen gemacht hatte, so auch die Theorie elliptischer Funktionen.

3. Euklid (365–300 v. Chr.) Ein griechischer Geometer, Zahlentheoretiker, Astronom und Physiker, der durch seine geometrische Abhandlung „Die Elemente" berühmt wurde. Es handelt sich dabei um ein 13-bändiges Kunstwerk und die früheste bedeutende griechische Ausarbeitung zur Mathematik. Die Ausführlichkeit der „Elemente" macht Euklid zu einem der besten Mathematiker aller Zeiten. Die Bücher mussten über 2500 Jahre als Standardwerk der Geometrie herhalten. Sie waren das Lehrbuch, das zeigte, wie systematisches Denken zu erfolgen hat. Als Abraham Lincoln lernen wollte, was der Begriff ‚beweisen' bei der Anwendung des Rechts bedeutete, zog er die „Elemente" zurate. Euklid schrieb aber auch andere Werke über Geometrie, Astronomie, Optik und Musik, von denen die meisten für immer verloren sind.

4. Leonhard Euler (1707–1783) Schweizer und wohl produktivster Mathematiker in der Geschichte. Selbst als er schon völlig erblindet war, brachte er noch Beiträge zur modernen analytischen Geometrie, Trigonometrie, Differentialrechnung und Zahlentheorie. Euler veröffentlichte über 8000 (!) Bücher und

Artikel, meist in Latein, über nahezu jedes Teilgebiet der reinen und angewandten Mathematik, Physik und Astronomie. In der Analysis beschäftigte er sich mit unendlichen Reihen und Differentialgleichungen, führte eine Vielzahl neuer Funktionen ein (hier seien nur die Gamma-Funktion und die elliptischen Funktionen angeführt) und erfand die Variationsrechnung. Seine Zeichen, wie π und e, sind heute noch gebräuchlich. Was die Mechanik betraf, so untersuchte er die Bewegung eines starren Körpers in drei Raumdimensionen, beschäftigte sich mit der Konstruktion und Steuerung von Schiffen und der Himmelsmechanik. Euler war so produktiv, dass selbst noch 200 Jahre nach seinem Tod Artikel von ihm zum ersten Mal veröffentlicht wurden. Seine gesammelten Werke wurden seit 1910 Stück für Stück veröffentlicht und belaufen sich schließlich auf mehr als 75 Bände.

5. David Hilbert (1862–1943) Der deutsche Mathematiker und Philosoph, den viele als den größten Mathematiker des 20. Jahrhunderts einstufen, beeinflusste die Theorie der Algebra, der Zahlenfelder, der Integralgleichungen, der Funktionalanalysis, aber auch die angewandte Mathematik entscheidend. In der Geometrie ist sein Einfluss direkt hinter dem Euklids zu verorten. Hilbert veröffentlichte 1899 seine „Grundlagen der Geometrie", denen diese Wissenschaft immens viel verdankt. Einige seiner berühmten 23 ‚Hilbertschen Probleme', die er in Paris vorstellte, stellen die Mathematiker bis auf den heutigen Tag vor schwierige Aufgaben. (Auf dem Zweiten Internationalen Kongress der Mathematiker, der im Jahre 1900 in Paris stattfand, lieferte Hilbert einen Überblick über die damaligen Trends der mathematischen Forschung und stellte 23 Probleme vor, die die gesamte Mathematik abdeckten und von denen Hilbert glaubte, dass sie die Aufmerksamkeit der mathematischen Gemeinschaft im bevorstehenden 20. Jahrhundert auf sich lenken würden.) Aufgrund Hilberts ausgezeichnetem Ruf beschäftigten sich viele Mathematiker lange mit seinen Problemen, von denen einige gelöst wurden. Ein Teil wurde aber erst kürzlich, andere wiederum noch überhaupt nicht entschlüsselt.

6. **Jules Henri Poincaré** (1854–1912) Dieser große französische Mathematiker, mathematische Physiker, Astronom und Philosoph schuf die algebraische Topologie und die Theorie analytischer Funktionen mit mehreren komplexen Variablen. In der angewandten Mathematik forschte er auf den Gebieten der Optik, Elektrizitätslehre, Telegraphentheorie, Kapillaritätsforschung, Elastizitätslehre, Thermodynamik, Potentialtheorie, Quantentheorie, Relativitätstheorie und Kosmologie. Im Rahmen der Himmelsmechanik beschäftigte er sich mit dem Drei-Körper-Problem, mit der Theorie des Lichts und den elektromagnetischen Wellen. Neben Albert Einstein und Hendrik Antoon Lorenz ist er einer der Entdecker der Speziellen Relativitätstheorie. In seinen Abhandlungen zur Himmelsmechanik und zu den Umlaufbahnen der Planeten taucht zum ersten Mal die Idee auf, dass in deterministischen Systemen chaotische Zustände möglich sind.

7. **Georg Friedrich Bernhard Riemann** (1826–1866) Der deutsche Mathematiker trug Wesentliches zur Geometrie, zu komplexen Variablen, zur Zahlentheorie, Topologie und mathematischen Physik bei. Seine Vorstellungen bezüglich der Geometrie des Raumes hatten großen Einfluss auf die Entwicklung der modernen Relativitätstheorien. Er präzisierte den Begriff des Integrals durch die Definition des heute als Riemannsches Integral bekannten Integrationskalküls. Seine erste Veröffentlichung, die im Jahr 1851 erschien, beschäftigte sich mit der Theorie von Funktionen mit einer komplexen Variablen und enthielt einen Satz, der heute noch den Namen Riemannscher Abbildungssatz trägt. In diesem und einem späteren Artikel über Abelsche Funktionen (1857) führte er das Konzept der Riemannschen Fläche ein, das den Umgang mit mehrdeutigen algebraischen Funktionen stark vereinfachte. Dies wurde zu einer der wich-

tigsten Grundlagen in der Entwicklung der Analysis. In seiner berühmten Vorlesung „Über die Annahmen, die der Geometrie zugrunde liegen", die er in Anwesenheit des in die Jahre gekommenen Gauß hielt, führte er zum ersten Mal den Begriff der ‚Mannigfaltigkeit' ein. Es handelt sich um einen n-dimensionalen, gekrümmten Raum, der die nichteuklidische Geometrie, die von Janos Bolayai und Nikolai Lobachevsky ins Leben gerufen worden war, enorm bereicherte. Riemanns Ideen führten zur modernen Theorie differenzierbarer Mannigfaltigkeiten, die wiederum eine wichtige Rolle spielt bei den Versuchen, die Relativitätstheorie mit der Quantenmechanik zu verbinden. Außerdem ist sein Name in der Riemannschen Hypothese verewigt, die eines der berühmten ungelösten Probleme der Mathematik darstellt. Sie betrifft die Zeta-Funktion, welche bei der Erforschung der Verteilung von Primzahlen bedeutend ist.

8. Évariste Galois (1811–1832) Der Vater der Galois Theorie, den seine Beiträge zur Gruppentheorie berühmt machten, entwickelte eine Methode, mit der man allgemeine algebraische Gleichungen durch vorgegebene Formeln lösen konnte. Obwohl er die Mathematik mehr als gut genug beherrschte, um die Aufnahmeprüfung am Lycée zu bestehen, waren seine Lösungsansätze so ungewöhnlich und innovativ, dass die meisten seiner Prüfer sie nicht verstanden. Darüber hinaus hatte er die Angewohnheit, viele Zwischenrechnungen nur im Kopf durchzuführen, und legte damit seine Argumentationsstränge nicht offen dar. In Verbindung mit seinem oftmals unbeherrschten Temperament vereitelte dies seine Zulassung zur Ecole Polytechnique.

Als er zu einem Duell herausgefordert wurde, akzeptierte er, obwohl er wusste, dass er es nicht überleben würde. Die Umstände, die zu diesem Duell führten, wurden niemals geklärt. Man vermutet, es habe sich entweder um einen Streit um eine Frau gehandelt oder er sei von Royalisten herausgefordert worden, die seine republikanische Einstellung provozierten, oder aber ein Polizeispitzel sei in die ganze Angelegenheit involviert gewesen. Wie dem auch sei, in der Nacht vor seinem Tod arbeitete er fieberhaft, um seine mathematischen Erkenntnisse und Ideen so klar wie möglich niederzuschreiben. Die Abbildung 12.1 zeigt eine Reproduktion einer der Seiten, die er in dieser Nacht geschrieben hat und die sich mit Gleichungen fünften Grades befasst.

Am Tag darauf starb er durch einen Bauchschuss. Er lag hilflos auf dem Boden. Kein Arzt war da, ihm zu helfen. Der Sieger ging einfach weg und ließ ihn unter unerträglichen Schmerzen qualvoll sterben.

Abb. 12.1 Die wirren mathematischen Kritzeleien Galois' aus der Nacht vor dem fatalen Duell. Links unterhalb der Mitte stehen die Worte „Une Femme", Femme durchgestrichen – ein Hinweis auf die Frau, die der Grund für das Duell war.

Bis zum Jahr 1846 sollte es noch dauern, bis die Gruppentheorie so weit entwickelt war, dass die von ihm gemachten Entdeckungen überhaupt gewürdigt wurden. Galois bekam zeit seines kurzen Lebens keine Anerkennung für sein außerordentliches Werk und seine fortschrittlichen Ideen. Dennoch hatte sein Vermächtnis großen Einfluss auf die Entwicklung der Mathematik im 20. Jahrhundert. Sein mathematischer Ruf gründet auf weniger als 100 posthum veröffentlichten Seiten hervorstechender Genialität.

9. René Descartes (1596–1650) Ein französischer Philosoph und Mathematiker, dessen Buch „Die Geometrie" zu den bedeutendsten Geometriebüchern der Geschichte zählt. Descartes war Katholik und sehr darauf bedacht, seine wissenschaftlichen Erkenntnisse weder allzu sehr zu verändern oder noch zu verwerfen – wie es seine Sympathie für die Ideen des Kopernikus notwendig gemacht hätte. Möglicherweise fürchtete er den Zorn der Inquisition. Trotzdem waren seine Beiträge zur Astronomie (seine Wirbeltheorie) und zur Mathematik, wo er die algebraische Schreibweise modernisierte und wesentlich dazu beitrug, ein Koordinatensystem in die Geometrie einzuführen, wesentlich. Descartes hatte sein Leben lang die Eigenheit, bis 11 Uhr vormittags im Bett zu bleiben, um dort zu lesen und nachzudenken.

10. **Blaise Pascal** (1623–1662) Der französische Geometer, Wahrscheinlichkeitstheoretiker, Kombinatoriker, Physiker and Philosoph entwickelte, unabhängig von Pierre de Fermat, die Wahrscheinlichkeitsrechnung. Er erfand zudem noch eine der ersten Rechenmaschinen, beschäftigte sich mit Kegelschnitten und formulierte wichtige Theoreme der projektiven Geometrie. Sein Vater, ein Mathematiker, hatte die Verantwortung für seine Erziehung übernommen. Blaise durfte sich erst dann mit bestimmten Themen beschäftigen, wenn sein Vater den Eindruck gewonnen hatte, dass er sie auch verstehen würde. Dies führte dazu, dass er als elfjähriger Junge selbstständig die ersten 23 Axiome des Euklid erarbeitete. Mit 16 veröffentlichte er einen Essay über Kegel, von dem Descartes nicht glauben wollte, dass es das Werk eines Teenagers war. Im Jahr 1654 gelangte Pascal zu der Einsicht, dass nur die Religion ein tiefes und erfülltes Leben ermöglichte, und er schloss sich dem Orden seiner Schwester an und gab Mathematik und soziales Leben auf.

Auf die Plätze verwiesen wurden: **Gerolamo Cardano**, **Kurt Gödel**, **Georg Cantor** und **John Napier**. Napier erfand den Logarithmus und die Logarithmisierung von Rechenoperationen, was die Menschheit von einem beträchtlichen Teil mathematischer Knochenarbeit befreite.

13 Die 10 mathematischen Formeln, die die Welt verändert haben

Vielleicht betrachtete ein Engel des Herrn die unendliche See des Chaos und wühlte sie mit seinem Finger auf. In diesem kleinen Strudel der Gleichungen nahm unser Kosmos dann Gestalt an.

Martin Gardner

Vor ein paar Jahren brachte Nicaragua eine Briefmarkenserie heraus, die „las 10 fórmulas matemáticas que cambiaron la faz de la tierra", die 10 mathematischen Formel, die das Gesicht der Welt veränderten. Ist es nicht bewundernswert, dass es ein Land gibt, das die Mathematik so schätzt, dass es ihr sogar eine Briefmarkenreihe mit abstrakten Gleichungen widmet? Gibt es noch andere Länder, die Ähnliches getan haben?

Dr. Googol ist sich nicht sicher, wie die nicaraguanische Regierung gerade die Formeln bestimmt hat, die von solcher Wichtigkeit für die Menschheit sein sollen. Vielleicht wurden die Mathematiker des Landes befragt. Vielleicht wurden aber auch, neben ihrer wissenschaftlichen Bedeutung, eher praktische Erwägungen, wie zum Beispiel der kleine, zur Verfügung stehende Platz auf den Marken, bedacht.

Dr. Googol ließ sich jedenfalls davon inspirieren und führte seine eigene Umfrage zur Ermittlung der wichtigsten Formeln, „die das Gesicht der Welt veränderten", durch. Die Umfrage erfolgte per E-Mail und die Antworten kamen hauptsächlich von professionellen Mathematikern (Universitätsprofessoren, Industriemathematikern und Hochschulabsolventen). Die ‚Hitliste' wurde aus den Antworten von mehr als 50 Personen zusammengestellt, die Dr. Googol ihre Meinung zu diesem Thema kundtaten. Am Anfang stehen die einflussreichsten, es folgen dann die weniger wichtigen Formeln.

Wie viele der nachfolgenden Formeln sind Ihnen bekannt? Wenn Sie mehr als 5 Gleichungen richtig zuordnen können, wissen Sie allem Anschein nach mehr über Mathematik als 99% der Menschen auf diesem Planeten. Wenn Sie alle 10 Formeln identifizieren können und dazu noch die Gleichungen, die auf die Plätze verwiesen wurden, halten Sie einem Vergleich mit den Göttern der Vorzeit stand. Die Formeln werden später in diesem Kapitel erläutert.

DIE TOP 10

Hier sind nun die 10 wichtigsten Formeln, die in Dr. Googols Umfrage ermittelt wurden, aufgelistet nach ihrer Bedeutung für die Menschheit:

1. $E = mc^2$

2. $a^2 + b^2 = c^2$

3. $\varepsilon_0 \oint \vec{E} \cdot d\vec{A} = \Sigma q$

4. $x = (-b \pm \sqrt{b^2 - 4ac}) / (2a)$

5. $\vec{F} = m\vec{a}$

6. $1 + e^{i\pi} = 0$

7. $c = 2\pi r, \quad a = \pi r^2$

8. $\vec{F} = G m_1 m_1 / r^2$

9. $f(x) = \Sigma\, c_n e^{i n \pi x / L}$

10. $e^{i\theta} = \cos\theta + \sin\theta$, zusammen mit $a^n + b^n = c^n, n \geq 2$

DIE NÄCHSTPLATZIERTEN

Diese Formeln bekamen zwar weniger Punkte als die Erstplatzierten, errangen aber Achtungserfolge. Sie sind in keiner besonderen Reihenfolge aufgelistet und nur ihrer Identifizierbarkeit wegen nummeriert.

1. $f(x) = f(a) + f'(a)(x - a) + f''(a)(x - a)^2 / 2! \ldots$
2. $s = vt + at^2 / 2$
3. $U = RI$
4. $z \to z^2 + \mu$ (für komplexe Zahlen)
5. $e = \lim_{n \to \infty}(1 + 1/n)^n$
6. $c^2 = a^2 + b^2 - 2ab \cos \beta$
7. $\int K dA = 2\pi \times \chi$
8. $\frac{d}{dx} \int^a f(t)dt = f(x)$
9. $\frac{1}{2\pi i} \oint \frac{f(z)}{(z - a)} dz = f(a)$
10. $\frac{dy}{dx} = \lim_{h \to 0} \frac{f(x + h) - f(x)}{h}$
11. $\frac{\partial^2 \psi}{\partial x^2} = - \left[\frac{8\pi^2 m}{h^2} (E - V) \right] \psi$

DIE NICARAGUA-RANGLISTE

Hier sehen Sie die Gleichungen, die auf den nicaraguanischen Briefmarken zu sehen waren. Wie viele Formeln sind in den beiden anderen Ranglisten auch zu finden, die auf Dr. Googols eigenen Recherchen beruhen?

1. $1 + 1 = 2$
2. $\vec{F} = G m_1 m_1 / r^2$
3. $E = mc^2$

4. $e^{\ln N} = N$
5. $a^2 + b^2 = c^2$
6. $S = k \log(W)$
7. $V = V_c \ln(m_0/m_1)$
8. $\lambda = \dfrac{h}{mv}$
9. $\nabla^2 E = \dfrac{Ku}{c^2} \dfrac{\partial^2 E}{\partial t^2}$
10. $F_1 x_1 = F_2 x_2$

Erkennen Sie einige dieser Gleichungen?

ERLÄUTERUNG DER GLEICHUNGEN

Hier ist die Auflösung der nicaraguanischen Briefmarken-Rangliste: (1) Elementare Additionsgleichung. (2) Isaac Newtons Gravitationsgesetz. Wenn sich zwei Massen m_1 und m_2 in einer Entfernung r voneinander befinden, dann ist F die Kraft, die sie aufeinander ausüben, und G ist die Universelle Gravitationskonstante. (3) Einsteins Formel zur Äquivalenz von Masse und Energie. (4) Die Logarithmenformel von John Napier. Sie machte es möglich, Multiplikationen und Divisionen von Zahlen durch die Addition bzw. Subtraktion ihrer entsprechenden Logarithmen zu ersetzen. (5) Satz des Pythagoras: die Summe der Kathetenquadrate eines rechtwinkligen Dreiecks ist gleich dem Hypothenusenquadrat. (6) Boltzmanns Definition der Entropie eines Gases. (7) Die Raketengleichung von Konstantin Tsiolkowskij. Die Geschwindigkeit einer Rakete nimmt proportional zum schon verbrannten Treibstoff zu. (8) Die Wellengleichung von de Broglie, die die Geschwindigkeit, die Masse und die Wellenlänge von Licht-Partikeln zueinander in Beziehung setzt. De Broglie postulierte, dass Elektronen Welleneigenschaften besitzen und Partikeln eine Wellenlänge zugeordnet werden kann. (9) Die Gleichung, die Magnetfelder und elektrische Felder zueinander in Beziehung setzt und aus den Maxwellschen Feldgleichungen abgeleitet werden kann, die wiederum die Grundlage für alle theoretischen Berechnungen im Bereich der elektromagnetischen Wellen wie Radio-, Radar- und Lichtwellen und UV-, Röntgen- oder Wärmestrahlung ist. (10) Das Hebelgesetz des Archimedes.

Nun werden noch einige Gleichungen aus Dr. Googols Ranglisten erläutert. (3) Eine der Maxwellschen Gleichungen zur Beschreibung elektromagnetischer Felder. (4) Die Formel zur Lösung der quadratischen Gleichung $ax^2 + bx + c = 0$. (5) Das Zweite Newtonsche Gesetz, das Masse, Beschleunigung und Kraft miteinander koppelt. (7) Formeln zur Berechnung des Umfangs und Flächeninhalts eines Kreises. (9) Eine Fourier-Reihe. Durch sie lassen sich komplizierte Kurvenverläufe durch eine (unendliche) Reihe sinusförmiger Funktionen annähern. (10) Die erste Formel ist Eulers Beschreibung der Identität von Exponential- und trigonometrischen Funktionen; die zweite Formel ist auch als ‚Fermats Letzter Satz' bekannt.

Unter den auf die Plätze verwiesenen Formeln sind (7) die Gauß-Bonnet Beziehung, wobei χ die Eulersche Konstante ist, und (9) die Cauchysche Integralformel der Theorie der komplexen Funktionen.

Einige der Antworten forderten die Berücksichtigung des letzten Fermatschen Satzes in der Rangliste der Top 10, da ein wesentlicher Beitrag an Forschungsarbeiten daran geleistet wurde und eine Vielzahl von mathematisch wichtigen Ergebnissen aus der Beschäftigung mit diesem Satz und seinem Beweis erwuchs. Dieses Theorem, das Pierre de Fermat (1601–1665) aufstellte, besagt, dass es keine ganzen Zahlen gibt, die die Gleichung $a^n + b^n = c^n$ für n größer als 2 erfüllen. (1995 wurde von Andrew Wiles in den „Annuals of Mathematics" ein inzwischen berühmt gewordener Artikel veröffentlicht, der dieses Theorem endgültig bewies.) 1769 behauptete Leonard Euler, dass die an das Theorem erinnernde Gleichung $a^4 + b^4 + c^4 = d^4$ keine ganzzahlige Lösung besitze. Zwei Jahrhunderte später jedoch gelang es Noam Elkies von der Harvard Universität, eine Lösung zu finden; sie lautet: a = 2682440, b=15365639, c = 18796760 und d = 20516673 (Details in: Elkies, N.: *On $a^4 + b^4 + c^4 = d^4$*. In: *Mathematics of Computation*. Oktober 1988, 51 (184) 825–35).

KOLLEGIALE ANMERKUNGEN

Clifford Beshers von der Columbia Universität schlug vor, eine Zinsberechnungsformel in die Top 10 aufzunehmen, da die ökonomischen Bedingungen von Volkswirtschaften der Industrienationen großen Einfluss auf die gesamte Welt haben. Eine solche Formel sollte dann aus einer monatlichen Tilgungsrate, der Verzinsung und der Kreditdauer bestehen.

Roy Smith vom Public Health Research Institute in New York machte noch folgende Anmerkung zum Satz des Pythagoras:

> Diese Formel ist grundlegend für alle auf Vektoren basierenden Probleme und damit einer der Lebensnerven der Physik. Jede Arbeit, die komplexe Zahlen benötigt, wie etwa Koordinatentransformationen von kartesischen zu Polarkoordinaten bei elektromagnetischen Feldern, greift auf diese Beziehung zurück. Die Formel ist eines der ersten Dinge, derer sich die Vogelscheuche im „Zauberer von Oz" erinnert, als sie zu Verstand gelangt. Wenn Sie jetzt noch die logische Erweiterung der Formel auf nicht rechtwinklige Dreiecke in Betracht ziehen ($c^2 = a^2 + b^2 - 2ab \cos(\beta)$), dann kommen sie auf die aller Landvermessung zugrunde liegende Beziehung. Die entsprechenden Beziehungen auf Kugeloberflächen werden bei der Astronavigation verwendet, die es den Menschen ermöglichte, die gesamte Welt zu erforschen.

Der Herausgeber des „Journal of Recreational Mathematics", Charles Ashbacher, schrieb Dr. Googol, dass er „begründete

Einwände gegen die Liste" hätte. Seine Top 10 sähen ganz anders aus, nämlich:

1. $1 - 2 = -1$ (Die positiven ganzen Zahlen sind intuitiv sofort erfassbar. Diese Formel führt aber die negativen Zahlen ein, die erste „nicht intuitive" Zahlenmenge, die von Menschen erfunden worden ist.)

2. $\sqrt{2} \neq \frac{m}{n}$: (Diese Formel führt die irrationalen Zahlen in die Menge aller Zahlen ein. Sie war das erste Beispiel eines Beweises dafür, dass manches, wie ‚alle' Ziffern der $\sqrt{2}$, niemals vollständig berechnet werden können.)

3. $a0b = a \times Basis^2 + 0 \times basis^1 + b \times Basis^0$ (Die Beziehung führt das Konzept der Positionsschreibweise für Zahlen ein, wobei 0 als Platzhalter fungiert. Dieses Konzept vereinfachte die sehr umständliche Schreibweise, wie sie zum Beispiel bei den römischen Zahlen zu finden ist, wesentlich und verringert den Aufwand beim Rechnen immens. Außerdem erlaubt sie es, die Arithmetik zu mechanisieren; Rechenmaschinen wurden durch diese Schreibweise erst möglich.)

4. $\vec{F} = m\vec{a}$
5. $E = mc^2$
6. $U = RI$
7. $\lambda = \frac{h}{mv}$
8. $\vec{F} = Gm_1 m_1 / r^2$
9. $c = 2\pi r^2$
10. $e^{\ln N} = N$

Weitere Bemerkungen zu den Formeln finden sich im Anhang zum Kapitel 13.

Teil III

Verteufelt vertrackte Zahlenzaubereien

Ich brauche nicht zu wissen, wohin die Reise geht, um den Weg zu genießen.

Deepak Chopra, Altersloser Körper und zeitloser Geist

Das Auge eines Mathematikers ist ein mystischer Spiegel, er reflektiert die Realität nicht nur, er saugt sie auch in sich auf.

Dr. Francis O. Googol

14 Hagelschlag-Zahlen

> Was könnte schöner sein als eine enge und zufriedenstellende Beziehung zwischen den ganzen Zahlen. Wie wichtig sie doch in den Bereichen des reinen Denkens und der Ästhetik sind, weitaus bedeutender als ihre Geschwister, die reellen und komplexen Zahlen.
>
> *Manfred Schroeder,* Zahlentheorie in Wissenschaft und Kommunikation, 1984

> Die Welt da draußen existiert. Ihre Struktur weist eine bestimmte Ordnung auf. Wir wissen jedoch nur wenig über das Wesen dieser Ordnung und erst recht nichts darüber, warum sie überhaupt bestehen muss.
>
> *Martin Gardner,* „Order and Surprise" in Anlehnung an Bertrand Russell, 1985

Als er kürzlich eine Expedition zum Himalaja unternahm, geriet Dr. Googol in einen Hagelschauer, der ihm völlig die Sicht nahm. Die Hagelkörner wirbelten wild durch die Luft. Vom Sturm getrieben, schnellten sie hoch in die Luft, stürzten dann zu Boden und schlugen wie Miniaturmeteoriten ein. Dennoch musste Dr. Googol lächeln, denn die Hagelkörner schienen ihm ein wunderbares Gleichnis für eines der bekanntesten und ungewöhnlichsten Probleme in der Zahlentheorie zu sein. Er zog ein kleines Papierstück aus seiner Tasche und schrieb die folgende Zahlenreihe auf: 7, 22, 11, 34, 17.

Die so genannten ‚Hagelschlag-Zahlen' faszinieren die Mathematiker seit mehreren Jahrzehnten und bilden ein sehr interessantes Forschungsgebiet, weil sie so einfach zu berechnen und fast nicht aus der bloßen Auflistung der Zahlen zu rekonstruieren sind. Will man eine Reihe von Hagelschlag-Zahlen berechnen, so beginnt man mit einer beliebigen natürlichen Zahl und befolgt die nachstehende Anweisung:

> Ist die Zahl gerade, teile sie durch 2.
> Ist die Zahl ungerade, multipliziere sie
>   mit 3 und addiere 1 dazu.

Dieses Vorgehen wird dann für jede sich ergebende Zahl wiederholt, bis in alle Unendlichkeit, wenn es Ihnen beliebt. So ist zum Beispiel die Hagelschlag-Sequenz für die Startzahl 3: 3, 10, 5, 16, 8, 4, 2, 1, 4, 2, 1, ... (... soll andeuten, dass sich die Sequenz 4, 2, 1 ab diesem Punkt in alle Ewigkeit fortsetzt). Dr. Googol macht es auch Freude, anstelle der Zahlen Regentropfen zu verwenden, was dann so aussieht:

Wie die Hagelkörner während eines Unwetters wild durcheinander wirbeln, so springen auch die Symbole in den Zeilen

Hagelschlag-Zahlen

scheinbar wahllos hin und her. Wie die Hagelkörner auch, fallen die Hagelschlag-Zahlen letztendlich auch zu Boden, indem sie irgendwann einmal den Wert 1 annehmen. Tatsächlich glauben die meisten Mathematiker fest daran, dass jede Hagelschlag-Reihe zwangsläufig in der sich immer wiederholenden Sequenz 4, 2, 1 endet, unabhängig von der Ausgangszahl.

Diese ‚Hagelschlag-Annahme' wurde rechnerisch für eine sehr große Anzahl von Startzahlen überprüft, wobei der momentane Rekord von N. Yoneda gehalten wird, der alle natürlichen Zahlen bis zu 1 000 000 000 000 (1 Billion) überprüft hat.

Glauben Sie, dass alle Hagelschlag-Zahlen irgendwann in der 1 enden? Es sind schon einige hohe Preisgelder für die Person ausgesetzt worden, die diese Vermutung beweist oder widerlegt. Die Hagelschlag-Reihe ist auch als (3n + 1)-Reihe bekannt und weist sowohl regelmäßige als auch ungeordnete Strukturen auf: sie ist definitiv nicht zufällig verteilt, ihre spezielle Struktur und das daraus resultierende Muster verweigern sich aber jeder Deutung. (Dieses Problem der Zahlentheorie lässt sich damit zwanglos in den umfassenderen Kontext der Chaostheorie einbetten, die sich mit mathematischen und physikalischen Phänomenen beschäftigt, die eine außerordentlich hohe Sensitivität und oft eine vollständig irreguläre Abhängigkeit gegenüber Anfangsbedingungen aufweisen.) Mithilfe von Computergrafiken können bestimmte Muster in dieser Sequenz enthüllt werden, so dass sich die Strukturen den Mathematikern selbst etwas deutlicher darstellen. Bisher war dies jedoch recht selten der Fall.

Die Abbildung 14.1 zeigt eine Hagelschlag-Reihe, die die Startzahl 54 besitzt. Ihre Pfadlänge beträgt 112 (Anzahl der Elemente bis zum Auftreten der 1) und ihr Maximalwert liegt bei 9232. Die Darstellung legt die Vermutung nahe, dass es sich bei dieser Sequenz um eine scheinbar chaotische Zahlenfolge han-

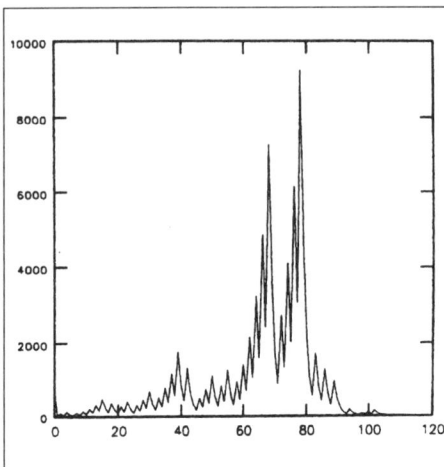

Abb. 14.1 Darstellung der Hagelschlag-Zahlen für die Ausgangszahl 54.

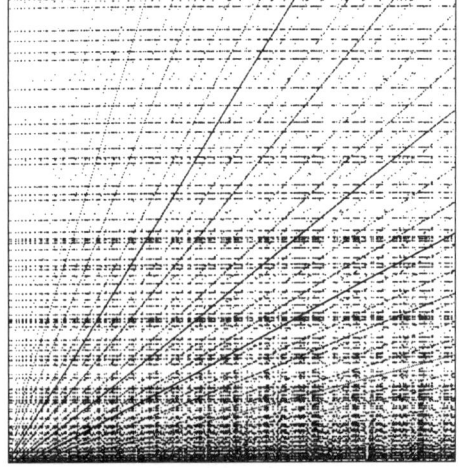

Abb. 14.2 Hagelschlag-Zahlen für alle Ausgangszahlen zwischen 1 und 1000 auf der x-Achse. Die Hagelschlag-Zahlen befinden sich auf der y-Achse.

delt, die dann im Wert 1 endet.

Die Abbildung 14.2 liefert eine Darstellung aller Hagelschlag-Zahlen, die sich für Startwerte zwischen 1 und 1000 ergeben. Hierbei sind die Startwerte auf der x-Achse verzeichnet, während die sich ergebenden Zahlen auf der y-Achse eingetragen werden. (Um die Darstellung nicht ausufern zu lassen, hat Dr. Googol darauf verzichtet, die Hagelschlag-Zahlen einzutragen, deren Wert 1000 überschreitet.) Bitte beachten Sie, dass diese Darstellung ein Muster diagonaler Linien unterschiedlicher Strichstärke, die durch den Nullpunkt laufen, ein weiteres Muster horizontaler Linien und einen mehr oder weniger verschwommenen Hintergrund willkürlich verteilter Punkte enthüllt. Die etwas verschwommenen horizontalen Linien kennzeichnen Werte, die deutlich öfter auftreten als andere. Eines der beeindruckendsten Beispiele ist in diesem Fall die Zahl 9232, die innerhalb der 1000 Reihen 350-mal als Maximalwert vorkommt. Und warum die anderen Muster? Die Hagelschlag-Zahlen weisen eindeutig bestimmte Werte bevorzugt auf. Warum genau diese Werte und keine anderen, bleibt jedoch unklar. Jede denkbare natürliche Zahl und jede mögliche Pfadlänge kann zwar erzeugt werden – aber auch hier tauchen bestimmte Zahlen wesentlich häufiger auf als andere. Und wie Paul Erdös einmal zur Komplexität dieser (3n + 1)-Reihe anmerkte: „Die Mathematik ist für solche Probleme nicht ausreichend gerüstet."

Weitere Informationen über die Hagelschlag-Zahlen finden sich im Anhang zum Kapitel 14.

Ein Computerprogramm zur Berechnung dieser Zahlen findet sich unter [www.oup-usa.org/sc/0195133420].

15 Die unglaubliche Jagd nach zweifach glatt undulierenden natürlichen Zahlen

Das Wesen der Mathematik liegt in ihrer Freiheit begründet.

Georg Cantor

Wieder einmal hielt sich Dr. Googol im afrikanischen Dschungel auf. Plötzlich bemerkte er eine riesige Schlange, deren Körper sich in Windungen auf und ab bewegte, ähnlich den Wellen auf dem Wasser. Er musste aufpassen, dass die Schlange ihn nicht einkreiste, ihn umschlang und mit ihrer Kraft zerdrückte. Langsam kam Dr. Googol das mathematische Pendant zu dieser sich schlängelnden Schlange in den Sinn: die *Undulation*.

Unter Undulation versteht man in der Mathematik etwas Ähnliches wie die wellenförmige Vorwärtsbewegung einer Schlange. So zum Beispiel wird eine natürliche Zahl, deren einzelne Ziffern alternierend größere oder kleinere Werte als ihre benachbarten Ziffern aufweisen, als undulierende oder geschwungene Ganzzahl bezeichnet (4253612 zum Beispiel). Eine *glatt undulierende Ganzzahl* ist dann eine Zahl deren benachbarte Ziffern nur zwei periodisch abwechselnde Werte annehmen, wie bei 79797797.

Bei einer *zweifach glatt undulierenden Ganzzahl* tritt diese Eigenschaft sowohl in ihrer Dezimalschreibweise als auch in ihrer Binärschreibweise auf. (Unter einer Binärzahl versteht man die Positionsschreibweise einer Zahl als Summe ihrer Zweierpotenzen, so kann zum Beispiel die Zahl 15 im Dezimalsystem im Binärsystem durch $15 = 8 + 4 + 2 + 1 = 1 \times 2^3 + 1 \times 2^2 + 1 \times 2^1 + 1 \times 2^0 = 1111$ ausgedrückt werden, 9 wird in dieser Schreibweise dann zu $9 = 1 \times 2^3 + 0 \times 2^2 + 0 \times 2^1 + 1 \times 2^0$). Die Zahl 1010 ist eine solche undulierende Binärzahl. Natürlich gibt es auch triviale Beispiele für diese Zahlen, wie die 21, deren Binärschreibweise ebenfalls unduliert und 10101 lautet. Diese Fälle werden von Dr. Googol als trivial bezeichnet, da es sich bei einer zweistelligen Zahl nur schwerlich um einen Oszillationsvorgang zweier Ziffern handeln kann. Die Frage stellt sich, ob es überhaupt mehrstellige zweifach glatt undulierende Ganzzahlen geben kann. Dr. Googol hat sehr lange nach solchen Zahlen gesucht und keine einzige gefunden. Er hat lange an der Existenz solcher Zahlen gezweifelt. Natürlich muss man eingestehen, dass seine eher brachialen Versuche, dieses Problem mit Hilfe von Computern zu lösen, auch keine zufrieden stellende Antwort liefern konnten, und es wäre schon sehr interessant, einen Beweis für diese Hypothese zu finden. Ferner wäre noch zu prüfen, ob es irgendeinen Zusammenhang zwischen der Dezimalschreibweise und der binären Schreibweise einer bestimmten Zahl, die einen Schluss auf das geforderte Verhalten zulässt, gibt. Auf den ersten Blick scheint es, als gäbe es keinen Zusammenhang.

Beachten Sie hierbei auch, dass, wenn eine n-stellige Dezimalzahl zufällig ausgesucht wird, nur eine Chance von $81/(9 \times 10^{n-1})$ besteht, dass sie glatt undulierend ist, was für große n gegen $1/10^n$ tendiert. Dies bedeutet, wenn die Dezimaldarstellung einer glatt undulierenden Binärzahl als rein zufällige Ziffernanordnung einer Dezimalzahl angesehen werden kann, ist die Wahrscheinlichkeit, dass die Dezimalzahl ebenfalls glatt undulierend ist, verschwindend gering. Beachten Sie ferner, dass es für jede n-stellige Dezimalzahl genau 81 verschiedene glatt undulierende Ganzzahlen gibt, was besonders bei der computergestützten Suche nach solchen Zahlen von großem Vorteil ist. Vielleicht sind auch computergrafische Methoden bei der Suche nach speziellen Regelmäßigkeiten gerader und ungerader undulierender Zahlen von Nutzen.

Zusätzliche Informationen hierzu finden sich im Anhang zum Kapitel 15.

16 Vom Schönen, der Symmetrie und den Pascalschen Dreiecken

Ein Mathematiker ist eine Person, die eine Tasse Kaffee in eine Theorie verwandeln kann.

Paul Erdös

Dr. Googol kletterte auf der Cheops-Pyramide in Gizeh herum, als er in den Bann dieser dreieckigen Flächen geriet, die aus Reihen über Reihen rechteckiger Blöcke zusammengesetzt waren. Er stellte sich vor, wie ein jeder dieser Blöcke mit einer Zahl versehen war, als ihm ein plötzliches Grinsen übers Gesicht fuhr. Er tagträumte nun vom Pascalschen Dreieck – eine der bekanntesten Anordnungen ganzer Zahlen in der gesamten Mathematik. Der berühmte Mathematiker Blaise Pascal war der Erste, der diese Abfolge von Zahlen detailliert untersuchte und 1653 eine Abhandlung dazu verfasste – obwohl die Folge schon seit dem 11. Jahrhundert durch Omar Khayyan bekannt gemacht worden war. Die ersten 7 Zeilen des Pascalschen Dreiecks lauten:

```
1                              1
1  1                           1  1
1  2  1                        1  2  1
1  3  3  1          oder       1  3  3  1
1  4  6  4  1                  1  4  6  4  1
1  5 10 10  5  1            1  5 10 10  5  1
1  6 15 20 15  6  1      1  6 15 20 15  6  1
```

Sehen Sie sich die Pyramide oben einmal etwas genauer an. Sie können erkennen, dass jede Zahl mit Ausnahme der Einsen die Summe der direkt über ihr liegenden 2 Zahlen ist. So ist zum Beispiel die 2 der dritten Zeile die Summe aus den beiden Einsen der zweiten Zeile. Dieses Muster wiederholt sich dann immer wieder. Glauben Sie, dass es Zeilen gibt, in denen nur ungerade Zahlen stehen?

Die Muster, die in diesem Dreieck zu finden sind, sind kaum alle auszumachen. Wählen Sie zum Beispiel eine beliebige 1 auf der linken Seite aus und bewegen Sie sich dann entlang der Diagonalen noch rechts oben; Sie werden feststellen, dass die jeweilige Summe der Elemente die Fibonacci-Zahlen sind (mehr zu der Fibonacci-Folge 1, 1, 2, 3, 5, 8, 13, ... , bei der jede Zahl die Summe der beiden vorangehenden ist, in Kapitel 22). Versuchen Sie es. Wählen Sie eine 1 aus, gehen eine Zahl nach rechts und eine nach oben und addieren Sie die beiden Zahlen. Wiederholen Sie dies, bis Sie am rechten Rand angelangt sind. (Die Rolle, die das Pascalsche Dreieck in der Wahrscheinlichkeitstheorie spielt, bei der Ausmultiplikation der Beziehung $(x + y)^n$ und in den verschiedensten zahlentheoretischen Anwendungen wurde sehr ausführlich von Martin Gardner diskutiert – siehe hierzu den Anhang zum Kapitel 16.)

Der Mathematiker Donald Knuth bemerkte hierzu, dass so viele verschiedene Beziehungen im Pascalschen Dreieck verborgen sind, dass kaum noch jemand aus dem Häuschen gerät, wenn eine neue entdeckt wird, den Entdecker selbst einmal ausgenommen. Viele Wissenschaftler haben sehr interessanten geometrische Muster in den Diagonalen entdecken können, haben die Existenz von perfekten Quadraten mit verschiedenen hexagonalen Eigenschaften nachweisen können und das Dreieck in den negativen Zahlenbereich hinein oder zu höheren Dimensionen hin erweitern können.

Auch hier bietet sich die Computergrafik an, bestimmte Muster innerhalb dieser Struktur hervorzuheben. Die Ab-

Abb. 16.1 Pascalsches Dreieck mod(2). Die Pfeile auf der rechten Seite zeigen an, wie sich die Größe der inneren Dreiecke alle k^m Zeilen ändert, wobei in diesem Fall k der Index des modulo, also 2, und m ganze Zahlen 0, 1, 2, 3, 4... sind. Diese Größenänderung bleibt für alle Dreiecke mod(p) bestehen, solange p eine Primzahl ist. Die Pfeile zeigen die Zeilen 2^3, 2^4, 2^5, 2^6 und 2^7.

bildungen dieses Kapitels zeigen die Struktur des Pascalschen Dreiecks in modularer Form. Die Abbildungen 16.1 und 16.2 zum Beispiel zeigen das Muster, das entsteht, wenn die mod(2) Anweisung verwendet wird. Dies bedeutet, dass nur die geraden Zahlen des Dreiecks dargestellt werden. Abbildung 16.2 ist demzufolge einfach das fotografische Negativ von 16.1 und zeigt die Position aller ungeraden Zahlen an. Abbildung 16.3 zeigt die Dreiecksdarstellung mod(3) (Position aller durch 3 teilbaren Zahlen). Muster, die sich auf diese Weise entstehen, bilden eine visuell hervorstechende und komplizierte Klasse von Mustern und eine Familie von fraktalen Netzen. Die Muster sind selbstähnlich; dies bedeutet, dass, wenn wir uns ein spezielles Dreiecksmuster in-

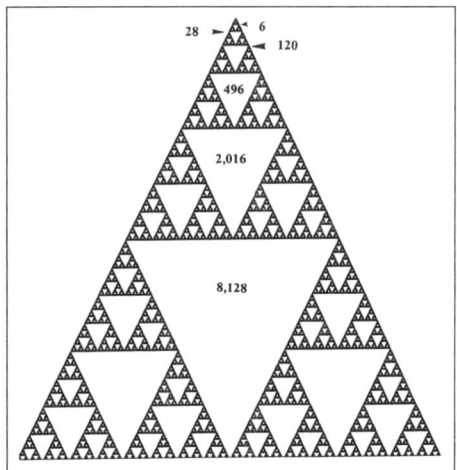

Abb. 16.2 Negativ der Abbildung 22.1. Die Zahlen in den inneren Dreiecken bezeichnen die Anzahl der Punkte, die innerhalb des entsprechenden inneren Dreiecks zu finden sind. Alle perfekten Zahlen finden sich dort wieder.

nerhalb des Pascalschen Dreiecks heraussuchen, dieses auch an anderer Stelle in anderer Größe zu finden ist. (Diese Muster werden auch als Sierpinski-Dichtung bezeichnet, wie im Anhang zum Kapitel 16 näher erläutert wird.) Die Abbildung 16.1 zeigt, dass die inneren Dreiecke ihre Größe alle 2^m Zeilen verändern (beginnend mit dem obersten Dreieck, das aus einem einzigen Element besteht), wobei m eine ganze Zahl ist. Werden diese Dreiecke für andere moduli ermittelt, so kann man feststellen, dass mit wachsendem modulo die Symmetrien immer schwieriger auszumachen sind. Die Abbildung 16.4 zeigt ein Pascalsches Dreieck mod(666).

Wenn man sich erst einmal mit der Visualisierung des Pascalschen Dreiecks für verschiedene modulo-Indizes vertraut gemacht hat, ist es kein Problem mehr, auf den ersten Blick die entsprechenden Faktoren zu benennen. (Wie man so etwas erlernen kann, steht in der Literatur zu diesem Kapitel unter Pickover.) Machen Sie sich ebenfalls klar, dass die Anzahl der Punkte in den inneren Dreiecken, die in Abbildung 16.2 eingetragen ist, immer geradzahlig ist. Im obersten Dreieck befinden sich 6 Punkte, darauf folgen 28 Punkte, darauf 120, dann 496 usw. Hiervon sind 6, 28 und 496 perfekte Zahlen, also Zahlen deren echte Teiler, miteinander addiert, wieder die Zahl selbst ergeben, wie $28 = 1 + 2 + 4 + 7 + 14$. Die Formel, nach der sich die Anzahl der Punkte im n-ten inneren Dreieck berechnen lässt, lautet $2^{(n-1)}(2^n-1)$. Weil aber wiederum alle perfekten Zahlen dem gleichen Bildungsgesetz gehorchen, wobei in diesem Fall n eine Primzahl sein muss, tauchen auch alle geraden perfekten Zahlen im Pascalschen Dreieck auf. Meinen Sie, Sie können noch andere Regelmäßigkeiten erkennen?

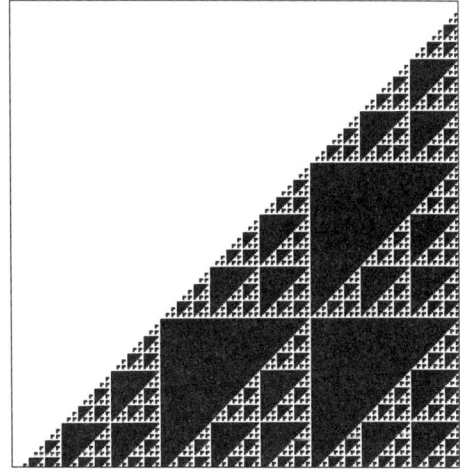

Abb. 16.3 Pascalsches Dreieck mod(3).

Die Muster sehen aber nicht nur nett aus, sie wurden als selbstähnliche Strukturen auch im Bereich der Physik kondensierter Phasen, der diffusiven Phänomene, dem Wachstum von Polymeren und porösen Körpern entdeckt. Ein

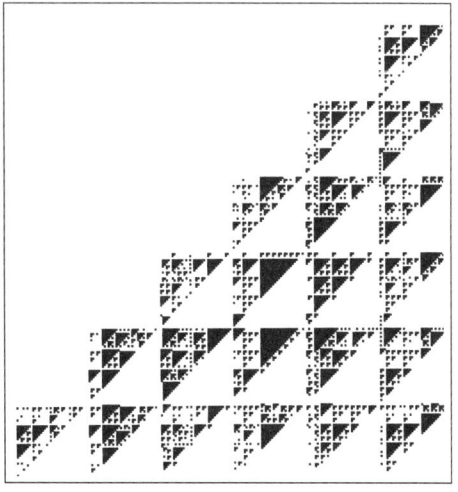

Abb. 16.4 „Pascals Biest" – Pascalsches Dreieck mod(666).

Beispiel wurde von Professor Leo Kadanoff beigetragen, der Erdölführende Gesteinsschichten anführt. In diesen finden sich flüssigkeitsgefüllte Kammern, die, wie Kadanoff betont, durchaus als Sierpinski-Dichtungen interpretiert werden können. In den Materialwissenschaften sind diese Strukturen auch von durchaus praktischem Belang, da sie dazu dienen können, als Modell für neue Materialien mit neuen Materialeigenschaften herangezogen zu werden. So haben einige Wissenschaftler spezielle Drahtwicklungen entworfen, die auf mikroskopischer Ebene mit der in Abbildung 16.1 gezeigten mod(2)-Anordnung identisch sind. Ihre kleinsten Dreiecksstrukturen haben eine Fläche von 1.38 µm^2, und man hat schon einige bemerkenswerte Eigenschaften der superleitenden Sierpinski-Dichtungen unter Magnetfeldeinfluss erforscht.

Andere Beispiele der praktischen Anwendung von Fraktalen – wie Antennen, chemischen Reaktoren, Internet-Verkehr oder optischen Geräte – finden sich im Anhang zu Kapitel 16.

Programmierhinweise zum Pascalschen Dreieck sind unter [www.oup-usa.org/sc/0195133420] zu finden.

17 Mordnilap-Zahlen

Es gibt keine Schönheit, die nichts Verstörendes hätte.

Francis Bacon

Vor gut einem Jahr hielt Dr. Googol einige Vorlesungen an der Harvard Universität. „Ich möchte Sie bitten, eine beliebige ganze Zahl auszuwählen, ihre Ziffernfolge umzukehren und die beiden Zahlen zu addieren. Fahren Sie damit fort, die Zahlenfolge der sich ergebenden Summe umzukehren und die beiden Zahlen erneut zu addieren."

Ein Junge mit Punkhaarschnitt und gepiercter Nase meldete sich. „Gut, dann wähle ich die 19. Ihr Spiegelbild ist die 91. Die Summe der beiden ist 110. Deren Spiegelbild ist 011, die neue Summe ist 121."

Dr. Googol stampfte vor Vergnügen auf. „Jawoll!"

„Entschuldigen Sie bitte?!"

„Sie sind an einer Palindrom-Zahl angelangt, die, in beide Richtungen gelesen, denselben Wert aufweist. Bei einigen Zahlen gelingt das in einem einzigen Schritt. So liefert 18 zum Beispiel 18 + 81 = 99. Dieses Vorgehen, der Ziffernumkehr, Addition und Palindromsuche (auch als Mordnilap-Prozess bekannt) ist faszinierend. Von allen Zahlen kleiner als 10 000 können nur 249 nicht durch maximal 100 solcher Schritte in Palindrome überführt werden. 1984 stellte Fred Gruenberg die Vermutung auf, dass die kleinste Zahl, die selbst bei unendlich langer Anwendung dieses Prozesses nicht auf ein Palindrom führt, 196 ist. (Überprüft worden ist die Vermutung inzwischen für hunderttausende solcher Operationen.)"

„Haben Sie den Test auch selbst durchgeführt?"

„Na klar. Ich habe auch die Zahl 879 untersucht, die nach 19 000 Schritten noch nicht das gewünschte Ergebnis geliefert hat, und die sich ergebende Zahl hatte 7841 Ziffern. Ist das nicht beeindruckend? Diese Zahl beginnt mit 58084187 ... und endet mit ... 139075! Eine statistische Analyse der Zahl hat ergeben, dass die Ziffern von 0 bis 9 in dieser Zahl etwa gleich verteilt sind. Ich habe auch die Zahl 1997 bis auf 8000 Schritte hin untersucht. Ebenfalls ohne Ergebnis."

Die Klasse applaudierte begeistert ob dieser mathematischen Fleißarbeit.

Sind noch andere Muster in diesem Umkehr- und Additionsprozess verborgen? Können wir Vorhersagen über seine Dauer machen? Die Anzahl der Schritte, die notwendig sind, ein Palindrom zu erzeugen, wird als Pfadlänge bezeichnet und durch den Buchstaben p gekennzeichnet. Sie liegt oft bei weniger als 5 Schritten. Die Abbildung 17.1 zeigt die Pfadlängen aller ganzzahligen Startwerte im Bereich von 1 bis 1000 an. Um eine einigermaßen anschauliche grafische Darstellung zu garantieren, wurde die y-Achse der Abbildung 17.1 beschränkt; alle Rechenoperationen, die mehr als 25 Schritte benötigten, wurden einfach abgebrochen. Interessant ist in diesem Fall die Periodizität in der Pfadlänge, die die Darstellung enthüllt; gleichzeitig ist das daraus resultieren-

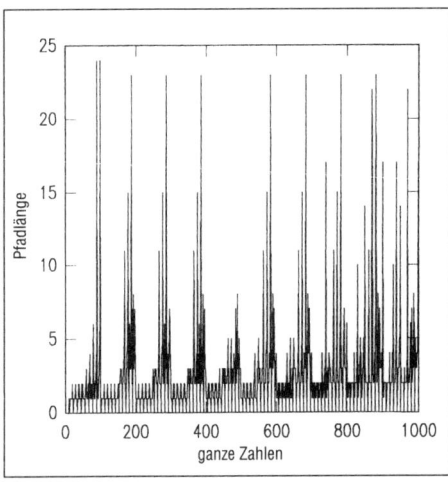

Abb. 17.1 Pfadlängen der ersten 1000 ganzen Zahlen, die als Startzahlen verwendet wurden. Um die graphische Wiedergabe nicht zu unübersichtlich zu gestalten und zu große Werte auf der y-Achse zu vermeiden, wurde die Suche nach entsprechenden Palindrom-Zahlen nach 25 Schritten abgebrochen.

de Muster aber nicht vollkommen gleichförmig. Eine Zerlegung dieses Musters in sein Schwingungsspektrum kann durch eine Fourier-Transformation berechnet werden, um einen tieferen Einblick in seine periodische Struktur zu bekommen. (Hierbei handelt es sich um die Zerlegung eines scheinbar beliebigen zeitlich ablaufenden Vorgangs in seine frequenzabhängige Darstellung, die als Fourier-Transformierte bezeichnet wird. Damit werden die den Vorgang bestimmenden Frequenzen ermittelt. Eine breite Anwendung findet die Fourier-Transformation in der Spektrenanalyse. Anm. d. Ü.)

Die Darstellung hat noch Dutzende andere Fragen zur Folge, die wesentlich schwieriger zu beantworten sind. So zum Beispiel die, warum keine sehr großen Pfadlängen im Bereich zwischen 400 und 500 auftauchen. Oder auch, warum die Palindrome, die eine relativ kurze Pfadlänge aufweisen, mit einem erhöhten Vorkommen der Ziffer 8 einhergehen? Und warum 8? Die Abbildung 17.2 listet einige der Endpalindrome moderater Pfadlänge auf, die sich für die Startwerte von 1 bis 300 einstellen.

n	Palindrome	Pfadlänge
9	8813200023188	24
98	8813200023188	24
167	88555588	11
177	8836886388	5
187	8813200023188	23
266	88555588	11
276	8836886388	15
286	8813200023188	23

Abb. 17.2 Letzte unmittelbare Palindrom-Zahlen für einige moderate Pfadlängen.

Zu guter Letzt wäre wohl noch ein Blick auf das sich ergebende Muster interessant, wenn Startzahlen größer als 1000 untersucht werden. Eine Darstellung der Pfadlängen zum Beispiel im Bereich zwischen 1000 und 10 000 unterscheidet sich deutlich von dem in Abbildung 17.1 gezeigten Verlauf, gleichwohl noch ähnliche periodische Strukturen zu erkennen sind. Es sind aber deutlich weniger Pfade der Länge 0 zu finden, ganz einfach, weil die Anzahl der möglichen Startpalindrome mit wachsender Startzahl sinkt. Auch unterscheiden sich die Lücken und Spitzen. Wenn Sie neugierig geworden sind, versuchen Sie doch einmal die Pfadlängen in diesem Bereich darzustellen. Wenn Sie etwas mehr über dieses Problem lernen möchten, sei Ihnen Martin Gardner und Charles Trigg ans Herz gelegt, die sich in den Literaturhinweisen zum Kapitel 17 finden. Gardner diskutiert das Problem auch noch für andere Zahlensysteme (wie das Binärsystem).

Vertiefte mathematische Betrachtungen finden sich im Anhang zum Kapitel 17.

18 Gefangen im Hyperraum

Ein weiser Mystiker: Was ist die beste mögliche Frage und was die beste mögliche Antwort darauf?
Dr. Googol: Sie haben die bestmögliche Frage gestellt und ich gebe Ihnen die bestmögliche Antwort darauf.

Er zeigt mir ein kleines Teil von der Größe einer Haselnuss, in meiner Hand war es rund wie ein Ball. Ich schaute es an mit all meiner Urteilskraft und dachte: Was mag es wohl sein? Und die Antwort war folgende: Es ist alles, was erschaffen worden ist.

Julian of Norwich, 14. Jahrhundert

Dr. Googol genießt es sichtlich, sich mit einfach scheinenden Rätseln zu befassen, in denen eine bestimmte Anzahl sich überlappender Dreiecke innerhalb einer größeren Struktur geschätzt werden muss, wie zum Beispiel in der Abbildung 18.1a gezeigt.

Manchmal ist es möglich, Regeln zu formulieren, die die Anzahl der Dreiecke in einem kontinuierlich anwachsenden geometrischen Gebilde bestimmen (siehe Abb. 18.1b). Sie können Ihre Freunde leicht beeindrucken, indem Sie die Anzahl der Dreiecke in der n-ten Generation dieser Dreiecksanordnung vorhersagen. Sie lauten: $n \times (n + 2) \times (2n + 1)/8$ für geradzahlige

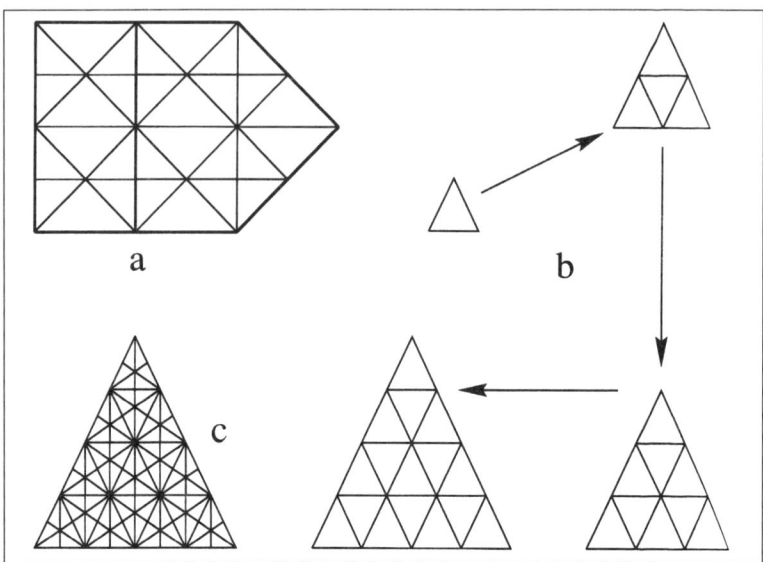

Abb. 18.1 Dreieckswahn. (a) Wie viele sich überlappende Dreiecke sind in dieser Figur verborgen? (b) Können Sie eine Regel angeben, nach der die Anzahl der Dreiecke wie gezeigt anwächst? (c) Wie viele Dreiecke besitzt diese Figur mehr als Figur (a)?

Generationen und $((n \times (n + 2) \times (2n + 1) - 1)/8$ für ungeradzahlige.

Meinen Sie, Sie schaffen es, alle Dreiecke in der Abbildung 18.1c zu zählen? Ehrlich gesagt, würde das zu viel Ihrer kostbaren Zeit verschwenden; lassen Sie Dr. Googol antworten: 653 Dreiecke. Damit haben Sie mehr Zeit, sich den folgenden Rätseln zu widmen. Lassen Sie doch einfach Ihre Freunde ein wenig über den drei Problemen brüten.

Eines Tages im August, als er gerade dabei war, Schmeißfliegen zu fangen und in ein Glas zu sperren, entwickelte Dr. Googol ein paar Rätsel für eine ähnliche geometrische Form, die er aus Gründen, die später klar werden, „Flohkäfige" oder „Insektengefängnisse" nannte. Besonders mag er die Flohkäfige, weil sie einfacher zu analysieren sind als die Dreiecksstrukturen. Da die Figuren auch nur aus aufeinander senkrecht stehenden Linien gebildet werden, sind sie auch leichter zu zeichnen. Betrach-

Gefangen im Hyperraum

ten Sie als Erstes einmal ein Raster aus vier Quadraten, die ein einziges großes Quadrat bilden (Abb. 18.2).
Wie viele Rechtecke und Quadrate sind in dieser Figur enthalten? Denken Sie mal kurz darüber nach. Die kleinen Quadrate sind mit 1, 2, 3 und 4 gekennzeichnet, dazu kommen 2 horizontale Vierecke 12 und 34, sowie 2 vertikale, 13 und 24 und das große Quadrat. Insgesamt befinden sich also 9 vierseitige überlappende

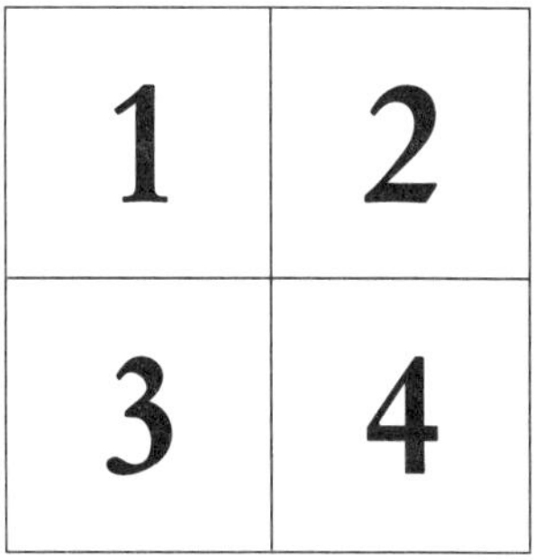

1	2
3	4

Abb. 18.2 Wie viel sich überlappende Vierecke enthält dieses Quadrat?

Gebiete in dem großen Quadrat. Die Gitternummer für ein 2 × 2 Gitter ist demzufolge also 9, oder G(2) = 9. Wie groß sind dann G(3), G(4), G(5) oder allgemein G(n)? Es zeigt sich, dass diese Gitternummern sehr schnell anwachsen, und Sie werden erstaunt sein, wie schnell. Die Formel, die dieses Wachstum beschreibt, ist recht einfach und lautet: $G(n) = n^2 \times (n+1)^2 / 4$. daraus ergeben sich die Gitterzahlen zu: 1, 9, 36, 225, 441, ... Über einen langen Zeitraum betrachtete Dr. Googol diese Rechtecke als kleine Behälter oder Käfige, um zu sehen, wie sich dieses Wachstum auf reale Dinge auswirken würde. (Natürlich würden sie in Wirklichkeit keine so guten Behälter oder Käfige abgeben, da sie sich ja überlappen, aber auch ein Dr. Googol darf mal träumen.) Enthielte zum Beispiel ein jedes dieser Vierecke einen kleinen Floh, wie groß müsste das Gitter sein, um für jeweils ein Exemplar einer jeden auf der Erde bekannten Flohart einen Käfig bereitstellen zu können? Dazu müssen Sie natürlich wissen, wie viele Arten die Flohforscher bisher entdeckt haben. Es sind 1830. Wenn Sie nun die Gleichung, die Dr. Googol Ihnen oben mitgeteilt hat, anwenden, werden Sie feststellen, dass ein 9 × 9 Gitter eine Gitterzahl von 2025 hat. Es würde leicht dazu ausreichen, jede Flohart einzeln unterzubringen. (Eine kleine Nebenbemerkung für die Flohliebhaber unter Ihnen: Der größte Floh, der je gefunden wurde, wurde 1913 im

Bau eines Bibers entdeckt. Sein wissenschaftlicher Name ist *Hystirchopsylla schefferi* und er maß 7,9 mm in der Länge.)

Die Gitterzahlen für dreidimensionale Gitter lassen sich ebenso berechnen. Ihre Berechnungsvorschrift lautet: $G(n) = n^3 \times (n + 1)^3 / 8$. Die ersten Gitternummern lauten in diesem Fall 1, 27, 216, 1000, 3375.

Sind Sie in der Lage, die Gitternummern für vierdimensionale Anordnungen zu bestimmen?

Wie groß müsste ein dreidimensionaler Würfel sein, damit alle Insektenarten, die auf diesem Planeten zu finden sind, mit jeweils einem Exemplar in diesem unter den gleichen Bedingungen Platz hätten. Wie groß müsste die Kantenlänge des Würfels sein, wenn alle Menschen darin Platz finden soll?

Weitere Analysen und Informationen über die erstaunlichen vierdimensionalen Raster finden sich im Anhang zum Kapitel 18.

19 Dreieckszahlen

> Hinein in die Tiefen des Unbekannten, Neues zu entdecken.
>
> *Charles Baudelaire,* Die Reise

Eines Tages wurde Dr. Googol gefragt, ob er den Spice Girls Nachhilfe in Mathematik erteilen könne. Die Spice Girls waren eine ziemlich berühmte Girlband der späten neunziger Jahre und er übernahm die Aufgabe gerne. An einem sonnigen Nachmittag saßen sie auf einer Parkbank in der Nähe der Abbey Road in London.

„Reden wir mal über Dreieckszahlen", sagte Dr. Googol zu Baby Spice, der Blondine der Truppe. (Dr. Googol nahm an, dass sie den Namen wohl wegen ihrer unschuldig-jugendlichen Art erhalten hatte.)

Kokett wischte sie eine Haarsträhne aus ihrem Gesicht. „Dreieckszahlen?"

„Ja." Dr. Googol senkte seinen Tonfall um eine halbe Oktave, um seinem Vortrag einen professionelleren Klang zu verleihen. „Dreieckszahlen bilden eine Reihe 1, 3, 6, 10 usw., die direkt mit der Anzahl der Punkte in kontinuierlich anwachsenden Dreiecken zusammenhängen." Er zog ein Stück Kreide aus der Tasche und malte eine Anordnung von in Dreiecken angeordneten Punkten auf den Gehweg.

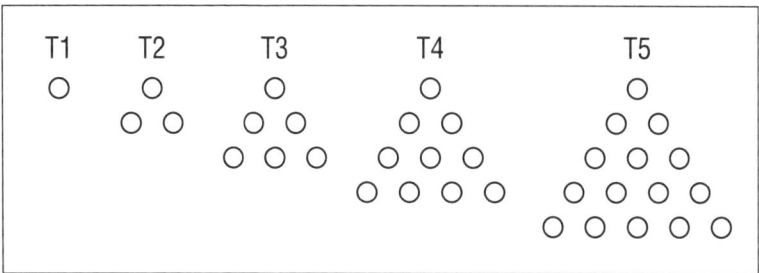

„Die frühen griechischen Mathematiker bemerkten, wenn sie Gruppen von Punkten als Zahlen interpretierten, konnten sie diese in geometrischen Mustern, die denen hier entsprachen, anordnen."

Baby Spice nickte. „Unglaublich. Die Möglichkeiten sind unendlich. Die vierte Dreieckszahl ist 10, ich frage mich, wie groß die hundertste sein mag." Sie fing an, an den Fingern abzuzählen.

„Baby Spice, es gibt da einen besseren Weg. Die n-te Dreieckszahl kann mit der Formel n(n+1)/2 berechnet werden. Die Variable n ist der Index der Formel. Wenn du also die hundertste Dreieckszahl wissen willst, wende die Formel einfach mit dem Index 100 an. Du wirst feststellen, dass die Antwort 5050 ist."

Dr. Googol meinte einen Anschein von Bewunderung in den Augen der Spice Girls feststellen zu können, zweifellos wegen seiner mathematischen Expertise.

„Können wir einen Computer verwenden, um die 36ste Dreieckszahl zu berechnen?"

Direkt neben Dr. Googol befindet sich eine Marmorstatue von Paul McCartney. Er greift in den Rumpf der Statue, in dem er heimlich ein Notebook versteckt hat. Eine verborgene Klappe schwingt auf, er nimmt den Computer heraus und wirft ihn Baby Spice zu.

Unglücklicherweise hat er nicht genug Zielwasser getrunken, was dazu führt, dass die Spice Girls nun alle versuchen, den Computer mit einem Hechtsprung zu fangen, bevor er auf den Boden fällt. Es gelingt ihnen zwar, aber sie stürzen auf ein marmornes Fries, auf dessen Einfassung sich Figuren von Mick Jagger und Celine Dion befinden. Celine fällt auf Baby Spice herab.

Baby Spice versucht nun, sich von der auf ihr liegenden Celine zu befreien, und zieht sich darunter hervor. „Keine Angst, Sir. Meine jugendliche Erscheinung wird von Marmor nicht in Mitleidenschaft gezogen." Sie fängt an, mit ihren manikürten

Dreieckszahlen

Fingern wie wild auf der Computertastatur herumzutippen. Sie zeigt Dr. Googol das Ergebnis:

> Dreieckszahlen:
>
> 1, 3, 6, 10, 15, 21, 28, 36, 45, 55, 66, 78, 91, 105, 120, 136, 153, 171, 190, 210, ...

„Ich kann's einfach nicht glauben, die 36ste Dreieckszahl lautet 666, das ist doch die Zahl des Tieres aus dem Buch der Offenbarung." Baby Spice fängt an, aus der Bibel zu zitieren: „Hier liegt die Weisheit. Lass den, der das Wissen hat, die Zahl des Tieres finden: denn das ist die Zahl eines Mannes, und seine Zahl ist Sechshundert, dreimal die Zwanzig und die Sechs."

„Reiner Zufall, Baby Spice."

„Und die 666ste Dreieckszahl ist die 222 111. Was für eine seltsame Ziffernfolge."

„Immer mit der Ruhe, Baby Spice, das ist purer Zufall."

„Wussten Sie außerdem, dass die Summe zweier aufeinander folgender Dreieckszahlen immer eine Quadratzahl ist?"

„Wie kommst du denn da drauf?", fragte Dr. Googol mit belegter Stimme.

„Quadratzahlen sind 16, 25, 36 usw. Die Summe aus 6 und 10 ist 16, die aus 10 und 15 ist 25, alle anderen Summen sind auch Quadratzahlen."

Dr. Googol ist von Baby Spice' Auffassungsgabe überrascht, aber dann schlägt er

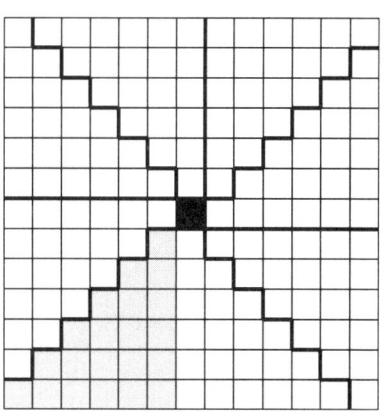

Abb. 19.1 Darstellung des tiefen Zusammenhangs zwischen den Dreieckszahlen T und den Quadratzahlen K. Ein visueller Beweis, dass $K = 8T + 1$ ist.

mit einem mathematischen Kleinod zurück: „Jede ungerade Quadratzahl ist gleich dem Achtfachen einer Dreieckszahl plus 1." Er begann nun, ein aus Quadraten bestehendes Muster auf die Straße zu zeichnen. „Seht Euch das an." Er zeigte auf die Skizze am Boden (Abb. 19.1).

Dr. Googol schaute nun wieder zu Baby Spice. „Der griechische Mathematiker Diophant, der 200 Jahre nach Pythagoras lebte, fand einen einfachen Zusammenhang zwischen den Dreieckszahlen T und den Quadratzahlen K heraus. Meine Skizze verdeutlicht dies grafisch. Das Gitter besitzt 169 Zellen. Dies ist die Quadratzahl dieser Figur, K = 169. Das dunkle Quadrat liegt genau in der Mitte des Quadrats, und die anderen 168 Quadrate können in 8 Dreiecken um dieses zentrale Quadrat angeordnet werden. Die Dreiecke besitzen jedes die gleiche Dreieckszahl T. Eines der Dreiecke habe ich etwas hervorgehoben."

Baby Spice schnappte nach Luft und die anderen Spice Girls starrten einander an. Dr. Googol hatte das Gefühl, als würde Abbey Road von einem kleineren Erdbeben erschüttert.

„Mein Gott", flüsterte Baby Spice mit einem Zögern in der Stimme, „kein Wunder, dass die Pythagoreer die Dreieckszahlen so verehrt haben. Es lassen sich eine unendliche Anzahl von Dreieckszahlen finden, die, miteinander multipliziert, eine Quadratzahl ergeben. So lassen sich zum Beispiel für die Dreieckszahl T_n beliebig viele andere Dreieckszahlen T_m finden, deren gemeinsames Produkt $T_n \times T_m$ eine Quadratzahl ergibt. Etwa $T_2 \times T_{24} = 30^2$."

Wütend ließ Dr. Googol seine Faust niederkrachen und verspürte einen leichten Schmerz, als sie auf dem heißen Asphalt aufschlug. Er musste Baby Spice übertrumpfen. Er schrie sie an: „666 und 3003 sind palindromische Dreieckszahlen. Sie können in beiden Richtungen gelesen werden."

Baby Spice fing nun auch noch an, einen ihrer Hits, „When Two Become One", zu singen, während sie gleichzeitig weiter auf ihr Notebook einhackte. „Unmöglich", schrie sie. „Die

2662ste Dreieckszahl lautet 3 544 453, sowohl die Zahl selbst als auch ihr Index sind Palindrome."

Dr. Googol sträubten sich die Nackenhaare, als er in die leuchtenden Augen des Popstars schaute. Ein Zittern durchlief ihn, tiefe Unzufriedenheit und eine schleichende Verzweiflung machten sich in ihm breit. Die Spice Girls hielten inne. Keine Bewegung. Leuchtende Augen, ein offenes, aber eingeübtes Lächeln auf den Lippen. Einen Moment lang schien es, als würde Abbey Road von mathematischen Symbolen überschwemmt werden. Aber nach einem Kopfschütteln waren die Formeln wieder verschwunden. Nur ein Traumsplitter. Aber die ärgerliche Baby Spice war immer noch da.

„Baby Spice, dein kleinliches Konkurrenzgebaren langweilt mich."

„Sir, die Dreieckszahlen sind sooo interessant. Gibt es noch mehr Zahlen dieser Art? Was ist mit Fünfeckszahlen? Sechseckszahlen? Welche Eigenschaften werden die wohl haben?"

„Baby Spice, das ist eine ganz andere Geschichte."

Weitere Informationen zu den Dreieckszahlen finden sich im Anhang zum Kapitel 19.

Ein Computerprogramm zur Berechnung von Dreieckszahlen ist unter [www.oup-usa.org/sc/0195133420] zu finden.

20 Eine Zahl für die X-Akten

Mulder: Hey, Scully. Glauben Sie an ein Leben nach dem Tod?
Scully: Ich würde das davor bevorzugen.

„Schatten", Akte X

Dr. Googol durfte einmal bei den Dreharbeiten zu „Akte X" zuschauen, der weltbekannten Serie, in der FBI-Agenten versuchen, übernatürliche Phänomene zu untersuchen. Er wandte sich an David Duchovny, einen der Hauptdarsteller der Serie.

„David, die Menschen haben schon sehr oft versucht, das Ende der Welt aus zahlentheoretischen Überlegungen vorherzusagen. Aber solche Vorhersagen werden normalerweise nicht in mathematischen Zeitschriften veröffentlicht." Dr. Googol zog seine Augenbrauen in die Höhe. „Diese hier erschien aber im Jahr 1947 in der Januarausgabe des *American Mathematics Monthly.*"

„Lassen Sie mich mal einen Blick darauf werfen", sagte David mit gesenkter Stimme. Er riss Dr. Googol den zerknitterten Artikel aus der Hand und begann zu lesen.

Eine Zahl für die X-Akten

> Der berühmte Astrologe und Numerologe Professor Umbugio sagt das Ende der Welt für das Jahr 2141 voraus. Seine Vorhersage basiert auf gewichtigen historischen und mathematischen Forschungsergebnissen. Professor Umbugio berechnete die Werte für die Formel
>
> $W = 1492^n - 1770^n - 1863^n + 2141^n$
>
> für $n = 0, 1, 2, 3, \ldots$ bis hin zu 1945 und fand heraus, dass alle Zahlen, die er unter außerordentlichen Mühen berechnet hatte, durch 1946 teilbar sind. Nun stehen die Zahlen 1492, 1770, 1863 für bemerkenswerte historische Daten: die Entdeckung der Neuen Welt, das Boston Massaker und die Ansprache von
> Gettysburg. Was bleibt da sonst noch an Wichtigem für das Jahr 2141 übrig? Das Ende der Welt offensichtlich.

David ließ das alte und verschmutzte Papier sinken. „Das ist unglaublich. Ein echter Fall für die X-Akten. Sind wirklich alle Zahlen, die diese Formel erzeugt, durch 1946 teilbar? Und warum sollte deshalb 2141 irgendetwas mit dem Ende der Welt zu tun haben?"

Dr. Googol griff in die Aktenmappe von Gillian Anderson, der Hauptdarstellerin von „Akte X", zog einen programmierbaren Taschenrechner hervor und gab diesen David. „Schreiben Sie doch mal schnell ein Programm, um das zu überprüfen."

David fing an, und wenig später konnte er Dr. Googol die ersten Ergebnisse reichen. Der Taschenrechner druckte die Zahlen in wissenschaftlicher Notation aus. Die Zahl 100 oder 1.00×10^2 wird in diesem Fall durch 1.00E + 02 dargestellt.

„Dr. Googol, die Zahlen wachsen ja unglaublich schnell an! Wenn eine Ziffer einem Jahr entspricht, so ist die Anzahl der Ziffern allein der fünften Zahl größer, als es Jahre bis zum Ende des Universums dauern würde." David rannte herum. „Wie hätten die Wissenschaftler im Jahr 1946 herausfinden sollen,

N	W	N	W
1	0	6	3.478795E + 19
2	206276	7	9.035302E + 22
3	1.124106E + 09	8	2.246103E + 26
4	4.106015E + 12	9	5.410357E + 29
5	1.256519E + 16	10	1.272996E + 33

dass alle Ergebnisse durch 1946 teilbar sind? Wie groß ist überhaupt der Wert für 100? Sind wirklich alle Zahlen durch 1946 teilbar oder verschwindet diese Eigenschaft für n's größer als 1945?"

Dr. Googol nickte zustimmend. „David, das sind alles sehr interessante und bisher nicht beantwortete Fragen. Aber das muss jetzt warten." Dr. Googol deutete in Richtung der Straße, auf der sich ein rätselhafter schwarz gekleideter Mann näherte, der eine Zigarette rauchte. „David, Sie werden gleich eine unheimliche Begegnung der Dritten Art haben."

Mehr zu diesen Zahlen im Anhang zum Kapitel 20.

Ein Computerprogramm zur Berechnung dieser Zahlen ist unter [www.oup-usa.org/sc/0195133420] zu finden.

21 Eine Heuschreckenplage

> Kein lebender Organismus kann sehr lange unter den Bedingungen absoluter Realität existieren. Selbst Lerchen oder Heuschrecken müssen, wie einige meinen, träumen.
>
> *Shirley Jackson*, Der Fluch im Hill Haus

Als er in einem eleganten Restaurant in New York speiste, fand Dr. Googol in seinem Spinatsoufflé eine Laubheuschrecke. Er untersuchte das Insekt mit seiner Gabel.

„Ekelhaft", bemerkte seine Bekannte Monika.

Dr. Googol entfernte das Insekt aus seinem Spinat. „Monika, das erinnert mich an die Heuschrecken-Reihe."

Monika holte tief Atem und verdrehte die Augen. „Will ich wirklich etwas darüber hören?"

„Natürlich, es handelt sich dabei um eine sehr bemerkenswerte Zahlenfolge."

„Schon gut, erzähl mir mehr", erwiderte sie zögernd und sah zur Decke.

„Ich nenne diese Folge die Heuschrecken-Reihe, weil sie mich an die enorme (exponentiell anwachsende) Fortpflanzungsrate von Heuschrecken erinnert." Er machte eine kleine Pause. „Heuschrecken-Reihen sind durch die folgenden beiden Funktionen definiert und lassen sich als die Verästelungen eines Baumes darstellen."

Dr. Googol kritzelte etwas auf eine Serviette:

$$x \rightarrow 2x + 2$$
$$x \rightarrow 6x + 6$$

„X ist eine ganze Zahl. Beginne mit x = 1. Diese Bildungsgesetze erzeugen zwei verschiedene Äste eines ‚binären' Baumes.

Oder anders ausgedrückt: x hat zwei Kinder, 2x + 2 und 6x + 6."
Er malte weiter:

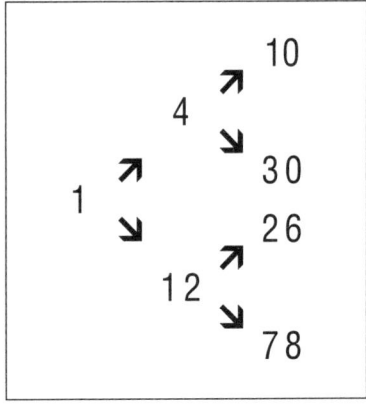

„Jede Generation braucht einen Monat, um zu schlüpfen. Nach einer Generation (einem Monat) haben wir also 4 und 12 ‚Kinder' 1. Im zweiten Monat, haben die Eltern 4 die Kinder 10 und 30 und die Eltern 12 die Kinder 26 und 78. Die Zahlen, die bisher auftauchten, lauten, ihrer Größe nach geordnet: 1, 4, 10, 12, 26, 30, 78, ... Keine Zahl scheint zweimal aufzutauchen, wie es zum Beispiel bei 1, 4, 10, 10 ... der Fall wäre."

Monika starrte die Serviette einige Zeit lang an. „Ja, und?"

Dr. Googol schaute nun Monika an. „Taucht eine Zahl *überhaupt irgendwann* zweimal auf? Bis jetzt lässt sich noch keine Wiederholung entdecken, was ist aber nach einem Jahr? Oder hunderten von Jahren?" Eine erneute Pause folgte. „Wenn dir dieses Problem zu schwierig ist, betrachte einmal diese ähnliche Sequenz. Taucht in der folgenden Reihe eine Zahl jemals zweimal auf?"

$$x \to 2x + 2, \qquad x \to x + 1$$

oder

$$x \to 2x + 2, \qquad x \to 5x + 5$$

Monika starrte Dr. Googol an. „Ich muss einige Zeit darüber nachdenken. Jetzt ist aber Zeit für den Nachtisch."

Monika hat das Problem nie gelöst. Könnten Sie's? Dr. Googol würde sich über eine Antwort freuen.

Einige Überraschungen erwarten Sie im Anhang zum Kapitel 21.

22 In Herrn Fibonaccis Nachbarschaft

> Für Menschen wie mich, die keine Mathematiker sind, kann der Computer ein mächtiges Werkzeug zur Erweiterung der Einbildungskraft sein. Aber wie die Mathematik selbst erweitert er diese nicht nur. Er diszipliniert und kontrolliert sie auch.
>
> Richard Dawkins, Der blinde Uhrmacher

Dr. Googol fuhr zu einer Tierhandlung in der Nachbarschaft von Herrn Fibonacci, um sich ein Paar Hasen zur Zucht zu kaufen. Das Paar zeugte im ersten Jahr ein weiteres Paar und im darauf folgenden Jahr wieder ein Paar. Dann hörten sie auf, sich fortzupflanzen. Jedes neue Paar brachte über den gleichen Zeitraum ebenfalls 2 neue Paare zur Welt, um dann auch unfruchtbar zu werden. Wie viele neue Hasenpaare kämen also jedes Jahr dazu? Um diese Frage zu beantworten, schreiben Sie einfach die Anzahl der Paare einer jeden Generation auf. Schreiben Sie zuerst eine 1 für das Paar der ersten Generation hin, dann eine weitere 1 für das im ersten Jahr hinzukommende Paar. Im zweiten Jahr werfen beide Paare je ein weiteres Paar, so dass 2 neue hinzukommen. Das macht dann insgesamt 4 Paare. Im dritten Jahr fällt das erste Paar aus, so dass nur noch 3 Paare Nachwuchs haben können, es kommen also 3 neue Paare hinzu. Dies geht nun immer so weiter. Die sich daraus ergebende Zahlenfolge lautet: 1, 1, 2, 3, 5, 8, 13, 21, 34, 55, 89, 144, 233, 377, ... Diese Reihe ist auch als Fibonacci-Reihe bekannt und wurde nach dem reichen italienischen Kaufmann Leonardo Fibonacco (1170–1240) aus Pisa benannt. Sie spielt eine wichtige Rolle in der Mathematik und den Naturwissenschaften. Die Zahlen selbst weisen die Eigenschaft auf, dass eine jede Zahl – mit Ausnahme der ersten beiden – die Summe aus ihren beiden unmittelbaren

Vorläuferinnen ist $F_n = F_{n-1} + F_{n-2}$. Ein Programm zur Berechnung dieser Reihe findet sich unter [www.oup-usa.org/sc/0195133420].

DAS VERBLÜFFENDE 1/89

Obwohl es nicht allgemein bekannt wurde, haben verschiedene Mathematiker entdeckt, dass die dezimale Schreibweise des Bruchs 1/89 (0.011235...) sich mit der Fibonacci-Reihe in Beziehung setzen lassen kann, wenn man bestimmte Zahlen auf ganz bestimmte Art und Weise addiert. Beachten Sie bitte einmal die folgende Reihe von Dezimalbrüchen; wenn sie so angeordnet werden, dass jeweils ihre am weitesten rechts stehenden Ziffern Fibonacci-Zahlen sind und die n-te Fibonacci-Zahl an der n+1ten Dezimalstelle steht, ergibt sich das folgende Schema:

n	
1	0,01
2	0,001
3	0,0002
4	0,00003
5	0,000005
6	0,0000008
7	0,00000013
	0,0112359....

Und erstaunlicherweise ist 1/89 = 0.01123595505.... Fantastisch! Warum um alles in der Welt sollte die Zahl 89 so einzigartig sein?

Selbst erschaffende Fibonacci-Ziffern

Nach diesem kleinen Ausflug schalten wir jetzt besser einen Gang herunter und beschäftigen uns mit einigen Weltrekorden aus dem Reich der Zahlen, die eng mit den Fibonacci-Zahlen verknüpft sind. (Vielleicht sind Sie die nächste Person, die einen Weltrekord bei der Suche nach solchen Zahlen aufstellt.) 1989 entdeckte Dr. Googol die beiden Zahlen 122 572 008 und 251 133 297 als neue selbsterschaffende Fibonacci-Ziffern im Bereich zwischen 100 Millionen und einer Milliarde. Zu dieser Zeit waren sie die bis dahin größten bekannten sich selbst erschaffenden Fibonacci-Ziffern, wenn sich auch seitdem viele Leute die Mühe gemacht haben, noch größere Ziffern zu suchen, und auch gefunden haben.

Eine selbsterschaffende Fibonacci-Ziffer, auch *repfigit* genannt (replicating Fibonacci digit), hat die bemerkenswerte Eigenschaft, dass sie sich in einer Zahlensequenz wiederholt, und zwar so, dass sie mit den n Ziffern dieser Zahl beginnt und dann die Sequenz fortsetzt mit den Zahlen, die jeweils die Summe ihrer n Vorgängerinnen sind; sie selbst muss demzufolge ebenfalls Element dieser Reihe sein. So ist zum Beispiel die Zahl 47 eine repfigit, da sie die Folge 4, 7, 11, 18, 29, 47 ... erzeugt. Auch 1537 ist eine solche, da die Reihe 1, 5, 3, 7, 16, 31, 57, 111, 215, 414, 797, 1537 aus ihr entsteht (beachten Sie bitte, dass hier die fünfte Zahl als Summe ihrer vier Vorgängerinnen gebildet wird).

Michael Keith führte das Konzept der selbsterschaffenden Fibonacci-Ziffern im Jahre 1987 ein. Zu diesem Zeitpunkt besaß die größte bekannte dieser Ziffern 7 Stellen: 7 913 837. Im November des Jahres 1989 wurde 3 größere entdeckt, deren größte den Wert 44 121 607 besaß.

Repfigits sind deshalb so interessant, weil zum Beispiel die Frage, ob es eine unendliche Anzahl an repfigits gibt oder nicht, bis heute nicht beantwortet werden konnte. Es wäre schon interessant herauszubekommen, dass sie ab einer bestimmten Größe nicht mehr vorkommen oder dass sie mit wachsender Ziffernzahl bestimmten Mustern folgen. Des Weiteren haben in der Vergangenheit Fortschritte bei der Lösung bestimmter numerischer Probleme immer als Messlatte für die Bewertung von Computerleistungen herhalten müssen. Wie lange würde wohl Ihr Computer brauchen, um Dr. Googols Weltrekordzahl zu berechnen?

Die Tabelle 22.1 listet alle selbsterzeugenden Fibonacci-Ziffern unter einer Milliarde auf.

2	14	19	28	47	61	75			
3	197	742							
4	1104	1537	2208	2508	3684	4788	7385	7647	7909
5	31331	34285	34348	55604	62662	86935	93993		
6	120284	129106	147640	156146	174680	183186	298320	355419	694280	925993
7	1084051		7913837						
8	11436171		33445755		44121607				
9	129572008		251133297						

Tab. 22.1 Selbsterzeugende Fibonacci-Ziffern unter einer Milliarde. Die erste Spalte zeigt die Anzahl der Ziffern an.

Mehr zu den repfigits und anderen Fibonacci-Freuden findet sich im Anhang zum Kapitel 22.

Ein Computer-Programm zur Berechnung der Fibonacci-Zahlen findet sich unter [www.oup-usa.org/sc/0195133420]. Könnten Sie auf dieser Basis ein Programm entwerfen, das die repfigits berechnet?

23 73939133

> Es ist genau so, als frage man, warum Beethovens Neunte so schön ist. Wenn Sie nicht sehen warum, dann kann es Ihnen auch niemand erklären. Ich weiß, dass Zahlen wunderschön sind. Wenn sie es nicht sind, dann ist nichts schön.
>
> *Paul Erdös*

Dr. Googol war ins Weiße Haus zu einem Empfang, der die 300 brillantesten Köpfe des Landes ehren sollte, eingeladen worden. Reporter und Journalisten schwärmten überall herum.

Der Präsident und die First Lady schüttelten eifrig die Hände einer Reihe ausgezeichneter Repräsentanten der wissenschaftlichen Welt. CNN übertrug das Ereignis weltweit.

Als nun Dr. Googol an der Reihe war, lächelte er die First Lady an, drehte sich zum Präsidenten hin und fragte: „Was ist so Besonderes an der Zahl 73 939 133?"

Dem Präsidenten fiel die Kinnlade herunter.

Agenten des Sicherheitsdienstes brachten sich sofort zwischen Dr. Googol und dem Präsidenten in Stellung. Andere sprachen wiederum in ihre Mikrophone, die in ihren Jacken versteckt waren, und versuchten wie verrückt, eine Antwort auf Dr. Googols Frage zu erhalten, damit der Präsident Dr. Googol antworten und die Weltpresse mit seinen intellektuellen Qualitäten überraschen könnte.

Können Sie dem Präsidenten helfen?

Was ist so Besonderes an dieser Zahl? (Ein kleiner Tipp: Sie ist eine Primzahl, kann also nicht als Produkt zweier kleinerer ganzer Zahlen dargestellt werden. Aber was ist an dieser Primzahl so besonders?)

Die Antwort findet sich im Anhang zum Kapitel 23.

24 Die ⊍-Zahlen von Los Alamos

> Als Teenager habe ich mit gedacht, dass ich gerne ein Mathematiker werden würde, wenn es irgendwie möglich oder praktikabel wäre. Natürlich kostete der Entschluss, Mathematik zu studieren, einige Überwindung, da es sehr, sehr schwierig sein würde, sich mit Mathematik seinen Lebensunterhalt zu verdienen.
>
> *Stanislaw Ulam,* Mathematisch begabte Menschen

Vor vielen, vielen Jahren arbeitete Dr. Googol noch in Los Alamos in New Mexico, wo er mit dem großen Mathematiker Stanislaw Ulam zusammentraf. Heute ist Ulam wohl durch seine Berechnungen, die zum Bau der Wasserstoffbombe führten, zu trauriger Berühmtheit gelangt. Aber außerdem arbeitete er noch auf anderen Gebieten der Mathematik, die außerordentlich interessant und fesseln sind, wie Iterationen, Monte Carlo Verfahren, seltsamen Attraktoren, dem menschlichen Gehirn, Zahlentheorie und auch Genetik.

„Dr. Googol", sagte Ulam eines Tages zu ihm, „ich möchte Ihnen etwas sehr Interessantes zeigen."

„Stanislaw, ich bin sehr gespannt."

Ulam nickte. „Beginnen Sie mit 2 beliebigen ganzen Zahlen – zum Beispiel 1 und 2. Nun versuchen Sie, eine Reihe von kontinuierlich ansteigenden ganzen Zahlen zu erzeugen, die als Summe genau nur eines einzigen vorgehenden Zahlenpaares dieser Reihe gebildet werden können."

„Stanislaw, versuchen Sie's mal auf Deutsch!"

„Okay, ein Beispiel." Ulam fing an, etwas auf eine Tafel zu schreiben. „Sie sehen hier die ersten Zahlen der mit 1 und 2 beginnenden Reihe."

Dr. Googol schrieb sich die Zahlenreihe sorgsam ab:

⊌₁,₂ : 1 2 3 4 6 8 11 13 16 18 26 28 36 38 47 48 53 57 62 69 72 77 82 87 97 99 102 106 114 126 131 138 145 148 155 175 177 180 182 189 197 206 209 219

Dr. Googol sagte: „Ich werde diese Zahlen Ihnen zu Ehren ⊌-Zahlen nennen, Dr. Ulam. Das ⊌-Symbol steht für U wie Ulam, versehen mit einem + für die Addition. Ich glaube, ich habe verstanden, wie sie erzeugt werden. 5 ist zum Beispiel keine ⊌-Zahl, da 5 sowohl durch 4 + 1 als auch durch 3 + 2 berechnet werden kann. 6 andererseits ist eine ⊌-Zahl, da sie nur durch 4 + 2 erzeugt werden kann."

Dr. Ulam fuhr fort. „Wenn wir entlang der Zahlengeraden zum Beispiel jedes Mal kleine Autos eintragen, wenn wir auf eine ⊌-Zahl treffen und einen Strich da einsetzen, wo eben keine ⊌-Zahl vorliegt, dann hat es den Anschein, als würden die Zwischenräume zwischen diesen Zahlen immer größer." Dr. Ulam machte die folgende Skizze:

🚗🚗🚗🚗_🚗_🚗__🚗_🚗__🚗_🚗_____🚗_🚗
_____🚗_🚗_____🚗🚗____🚗____🚗_

Dr. Googol wandte sich vom großen Ulam ab und fing an, einige interessante Ausdrucke zu erzeugen, die den folgenden Computeralgorithmus zur Grundlage hatten:

DO for all ULAM-numbers, ⊌
MovePenTo (⊌,0); DrawTo(⊌, ⊌);
END DO

Das sieht dann wie eine Reihe von ungleich verteilten vertikalen Linien aus, die immer länger werden (Abbildung 24.1). Die Zwischenräume liebt Dr. Googol am meisten. Sie sind irregulär. Oft sieht man interessante Anhäufungen oder Paaranordnungen. Sollten Sie selber ein Computerprogramm schreiben wollen, so können Sie die Länge der Linien konstant als maximale

Bildschirmhöhe definieren. Das gibt dem Ausdruck dann die Gestalt eines Barcodes. Wenn Sie sich nun die Abbildung 24.1 einmal anschauen, glauben Sie, Sie könnten daraus ablesen, dass lange Lücken in dieser Zahlenreihe auftreten können?

Beachten Sie auch, dass in dieser Darstellung Paare unmittelbar aufeinander folgender ⋓-Zahlen auftauchen, wie (1, 2), (2, 3), (3, 4) und (47, 48). Ob es wohl eine unendliche Anzahl dieser Paare gibt? P. Muller berechnete 1966 20 000 dieser ⋓-Zahlen und fand kein einziges weiteres Zahlenpaar! Auf der anderen Seite weisen mehr als 60 % aller ⋓-Zahlen die Differenz 2 auf.

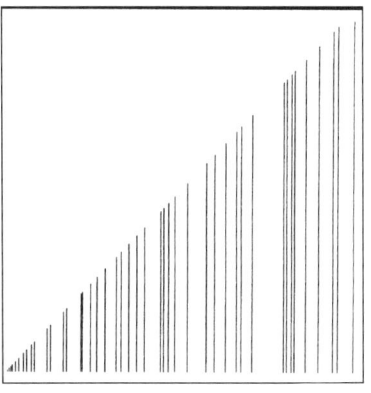

Abb. 24.1 Visualisierung der -Zahlen.

Dr. Googols ⋓-Zahlen begannen ja mit 1 und 2. Wie sehen die ⋓-Zahlen aus, die mit anderen Startwerten beginnen?

Im Anhang zum Kapitel 32 geht's noch weiter und eine kleine Einführung in die ⊗-Zahlen ist dort auch noch zu finden.

25 Erzeugende Zahlen ♌

> Keine Definition von Wissenschaft ist abgeschlossen, wenn sie nicht Bezug zu unmittelbarem Schrecken herstellt.
>
> *Stanislaw Ulam*, Mathematisch begabte Menschen

An einem kühlen Nachmittag in Athen ging Dr. Googol auf eine Frau zu, die an einer Straßenecke Gyros-Pitta verkaufte. Als er darauf wartete, dass das saftige Fleisch knusprig braun briet, nahm er seine Visitenkarte heraus und gab sie der Frau.

Die junge Frau nahm die Karte in die Hand und drehte sie in ihren gepflegten Händen. „Und was in aller Welt soll *das* hier bedeuten?"

$$\frac{\sqrt{\frac{\sqrt{2^{2^{11^2}}\iiint\frac{22\pi}{xy}\aleph_0 di}}{\sqrt{\frac{2\Delta\beta^2}{2\theta\gamma}}\sqrt{\Sigma_i\frac{\sqrt[22]{2}}{\pi}\gamma^2}}}2\sqrt{2^{2^{11^2}}\int\frac{22\pi}{\Psi\varepsilon 2\beta}\aleph_0 di}}{\sqrt{\frac{\sqrt{2^{2^{11^2}}\iiint\frac{22\pi}{xy}\aleph_0 di}}{\sqrt{\frac{2\Delta\beta^2}{2\theta\gamma}}\sqrt{\Sigma_i\frac{\sqrt[22]{2}}{\pi}\gamma^2}}}2\sin\left(\sqrt{\Delta\beta^2\sqrt{\frac{\Sigma_i 2^2\sqrt{2}}{2\beta}}\gamma^2}\right)} \cdot \frac{\sqrt{\frac{\sqrt{2^{2^{11^2}}\iiint\frac{22\pi}{xy}\aleph_0 di}}{\sqrt{\frac{2\Delta\beta^2}{2\theta\gamma}}\sqrt{\Sigma_i\frac{\sqrt[22]{2}}{\pi}\gamma^2}}}2\sqrt{2^{2^{11^2}}\iiint\frac{22\pi}{xy}\aleph_0 di}}{\sqrt{\frac{\sqrt{2^{2^{11^2}}\iiint\frac{22\pi}{xy}\aleph_0 di}}{\sqrt{\frac{2\Delta\beta^2}{2\theta\gamma}}\sqrt{\Sigma_i\frac{\sqrt[22]{2}}{\pi}\gamma^2}}}2\sin\left(\sqrt{\Delta\beta^2\sqrt{\frac{\Sigma_i 2^2\sqrt{2}}{2\beta}}\gamma^2}\right)}$$

Dr. Googol grinste. „Absolut nichts. Es soll Sie nur beeindrucken."

„Beeindrucken?"

„Ja, sieht es denn nicht beeindruckend aus?"

„Hier ist Ihr Gyros." Sie griff in ihre Tasche und zog eine kleine Karte heraus, auf die sie etwas kritzelte. Dann gab sie ihm die Karte. „Warum rufen Sie mich nicht mal an?"

Dr. Googol lächelte zurück und steckte die Karte mit elegantem Schwung ein. Zurück in seinem Apartment zog er die Karte ungeduldig und voller Erwartung aus der Tasche. Sie war unbeschädigt geblieben. Auf der einen Seite fand sich eine handgeschriebene Formel

$$81 = (2^{2+1} + 1)^2$$

Auf der anderen Seite waren die Worte

Psychiatrische Klinik Athen

mit einer Telefonnummer darunter gedruckt.

Wir werden wohl nie erfahren, warum die Frau – die Dr. Googol übrigens niemals mehr wieder gesehen hat – diese rätselhafte Beziehung niedergeschrieben hat, die Formel jedenfalls regte Dr. Googol dazu an, einen irrwitzigen Wettbewerb ins Leben zu rufen. Alle Teilnehmer sollten dabei versuchen Zahlen zu erzeugen, die nur aus Einsen und Zweien und einer beliebigen Anzahl der Operatoren wie +, – und * bestanden. Exponenten waren auch erlaubt. Als ein Beispiel sei der Fall angeführt, bei dem nur die Ziffer 1 erlaubt ist. Die Zahl 80 könnte beispielsweise geschrieben werden:

$$80 = (1 + 1 + 1 + 1 + 1) \times (1 + 1 + 1 + 1) \times (1 + 1 + 1 + 1)$$

Die *Erzeugende* einer Zahl n, die durch $\mathcal{E}(n)$ dargestellt werden soll, ist die geringste Anzahl an Ziffern, die benötigt wird, um die Zahl n selbst zu konstruieren. Im vorliegenden Beispiel sehen wir, dass $\mathcal{E}(80) < 13$ ist, da 13 Einsen benötigt wurden, um die Zahl 80 zu erzeugen. Ein Wettbewerb aber, der nur Einsen zulässt, um Zahlen zu erzeugen, entpuppt sich als nicht allzu interessant. Wird aber erst einmal die Ziffer 2 zugelassen, so gewinnt das Problem an Tiefe und Faszination, und es scheint mit einer unbegrenzten Anzahl an Wundern gesegnet. Als Beispiel soll hier die seltsame Gleichung der Gyros-Verkäuferin dienen:

$$81 = (2^{2+1} + 1)^2$$

In diesem Fall ist $\mathcal{S}(81) < 5$. Ist das die beste Lösung oder gibt es noch günstigere Kombinationen aus 1 und 2.

Das erklärte Ziel des Wettbewerbs um die beste Erzeugende ist, die Zahlen 20, 120 und 567 mit so wenig Ziffern wie möglich darzustellen. Dr. Googol erhielt hunderte von Antworten und hätte natürlich auch gerne alle hier gezeigt. Das erste Tripel wurde ihm von R. Lankinen aus Helsinki in Finnland zugemailt:

$\mathcal{S}(20) < 5$ da $20 = 2^{2+2} + 2 + 2$
$\mathcal{S}(120) < 6$ da $120 = ((2+1)^2 + 2)^2 - 1$
$\mathcal{S}(567) < 9$ da $567 = 2 \times 2 \times (((2 \times (2 \times 2 + 2))^2 - 2) - 1$

Aber ist diese Lösung auch die beste? Können die Zahlen noch knapper ausgedrückt werden? Es stellte sich heraus, dass 567 durch 8 Ziffern ausgedrückt werden kann. Dan Hoey aus Washington, der den Wettbewerb gewann, berechnete die Minimalwerte aller drei Zahlen. Hier ist sein Ergebnis (von dem Dr. Googol annimmt, dass es auch das mit der kleinstmöglichen Anzahl an Ziffern ist).

$\mathcal{S}(20) < 5$ da $20 = (1 + 2 + 2) \times (2 + 2)$
$\mathcal{S}(120) < 6$ da $120 = ((2+1)^2 + 2)^2 - 1$
$\mathcal{S}(567) < 8$ da $567 = (2^{2+2+2} - 1) \times (2+1)^2$

Der Wettbewerb wird aber erst dann richtig interessant, wenn die Benutzung zusammenhängender Ziffern wie 11, 12, 121 usw. erlaubt wird. In diesem Fall sahen die siegreichen Kombinationen anders aus, wie der Beitrag von Mark McKenzie von der Mathematischen Fakultät der Universität von Wisconsin zeigt:

Erzeugende Zahlen $\mathscr{L}$

$\mathscr{L}(20) < 3$ da $20 = 22 - 2$
$\mathscr{L}(120) < 4$ da $120 = 11^2 - 1$
$\mathscr{L}(567) < 6$ da $567 = 21 \times (2+1)^{2+1}$

Eine ähnliche Lösung wurde von Ya-xiang aus Peking geliefert:

$\mathscr{L}(20) < 3$ da $20 = 21 - 1$
$\mathscr{L}(120) < 4$ da $120 = 121 - 1$
$\mathscr{L}(567) < 6$ da $567 = 21 \times (2+1)^{2+1}$

Glauben Sie, Sie bekommen noch kürzere Kombinationen hin?

Eine detaillierte Analyse dieses Problems findet sich zusammen mit weiteren Aufgaben, wie der Suche nach *harten Zahlen* im Anhang zum Kapitel 25.

26 Parasiten-Zahlen

> Er drückte seinen Daumen in den weichen Klumpen roter Lakritze, den er in der Hand hielt, und machte ihn damit etwas größer als den Parasiten, der auf Sarahs Nacken lag. ... Er beugte sich zu der mit Bläschen überzogenen Wucherung herunter. Sie war mit einem spinnwebartigen Geflecht weißer Fäden überzogen, aber er konnte darunter etwas ausmachen, einen Klumpen rosafarbenen Schleims, der im Rhythmus ihres Herzschlags pulsierte und pochte.
>
> *Stephen King,* Vier nach Mitternacht

„Hilfe! Mach das da weg!", schrie Monika.

Dr. Googol und Monika befanden sich auf einer Expedition durch den tiefsten afrikanischen Dschungel, als sie einen Blutegel an ihrem Knöchel entdeckte.

Dr. Googol nickte, holte einen Salzstreuer aus seinem Rucksack und streute Salz auf den Blutegel. Mit einem zischenden Geräusch ließ er los und fiel zu Boden.

Monika atmete tief durch. „Danke."

Danach marschierten sie weiter, und Dr. Googol erzählte Monika alles über Parasiten.

Die Zahl 102 564 ist eine der bemerkenswerten Zahlen, die Dr. Googol eines Nachts während seiner umfangreichen nächtlichen Computerexkursionen entdeckte. Er bezeichnet sie aus später noch zu klärenden Gründen als Parasiten-Zahl. Wollen Sie zum Beispiel die Zahl 102 564 mit 4 multiplizieren, so brauchen Sie nur die 4 am Ende zu streichen und an den Anfang der Zahl zu setzen, um das richtige Ergebnis zu erhalten. Oder anders ausgedrückt: das Ergebnis ist mit seinem Faktor insoweit identisch, als dass die ehedem rechts stehende 4 nun am linken Rand auftaucht:

Parasiten-Zahlen

$$102\,564 \times 4 = 410\,256$$

Ist das keine unglaubliche Zahl? Wie viele Zahlen mit dieser Eigenschaft mögen wohl im Zahlendschungel existieren und friedlich und unentdeckt im Sumpf der Mathematik vor sich hin dümpeln? Diese Art von Zahlen erinnern Dr. Googol an einen biologischen Organismus, der einen Parasiten (eine Ziffer) beherbergt, der sich im Körper des Wirtes (die mehrstellige Zahl, in der die Ziffer zu finden ist) frei bewegt und durch Nahrungsaufnahme (Multiplikation) an Lebensenergie gewinnt. Dr. Googol hat mehrere Computerprogramme geschrieben, die nach Parasiten enthaltenden Zahlen (oder Parasiten-Zahlen) wie etwa 102 564 suchen. Wenn Sie nach den Parasiten-Zahlen suchen, die durch verschiedene einstellige Multiplikatoren erzeugt werden können, werden Sie feststellen, dass diese sehr dünn gesät sind. Es sieht so aus, als sei die einzige Parasiten-Zahl unterhalb einer Million der Vierer-Parasit 102 564. (Der Term Vierer-Parasit sagt aus, dass die Ziffer 4 der entsprechende Multiplikator ist.)

Haben andere Ziffern noch andere Parasiten-Zahlen zur Folge? Gibt es Multiplikatoren, für die keine Parasiten-Zahlen existieren? Wie viel Rechenzeit wird wohl zurzeit auf die Beantwortung dieser Fragen verwendet?

Natürlich verstecken sich auch „Pseudoparasiten" innerhalb der ganzen Zahlen unter einer Million. Dies sind Zahlen wie 128 205, deren am rechten Rand stehende Zahl sich bei einer Multiplikation mit 4 ebenfalls nur zum linken Rand hin verschiebt, aber keine Identität zwischen der letzten Ziffer des ersten Faktors und dem Faktor selbst aufweist. Hier gilt:

$$128\,205 \times 4 = 512\,820$$

Diese Eigenschaft macht sie zu Pseudoparasiten. Hier sind noch ein paar andere Pseudoparasiten:

$$153\,846 \times 4 = 615\,384$$
$$179\,487 \times 4 = 717\,948$$
$$205\,128 \times 4 = 820\,512$$
$$230\,769 \times 4 = 923\,076$$

Ein Fünfer-Pseudoparasit ist zum Beispiel:

$$142\,857 \times 5 = 714\,285.$$

Sowohl Parasiten als auch Pseudoparasiten sind so selten wie Diamanten. Und während Dr. Googol in den Tiefen der Nacht nach weiteren Parasiten sucht, fordert er Sie heraus, ihn bei seiner Suche nach solchen Zahlen zu schlagen. Sie dürfen auch jeden Computer Ihrer Wahl benutzen.

Im Anhang zum Kapitel 26 finden sich noch weitere Informationen zu Parasiten, die so groß sind, dass kein normaler Mensch sich mit ihnen beschäftigen würde.

27 Außerirdische Zuchtversuche

Noch niemand hat die Menschheit domestiziert. Wir sind also noch eine wild lebende Spezies, die ihre Freiheit seit den Tagen ihres Auftretens in den Savannen noch nicht eingebüßt hat. Vielleicht erscheint der selbstdisziplinierende Prozess, den wir im Rahmen unseres Zivilisationsprozesses durchlaufen haben, nur uns als Domestikation und nicht etwaigen Besuchern ... und selbst uns sollten Zweifel kommen, wenn wir unsere gewalttätige Geschichte betrachten.

Whitley Strieber, Abendmahl

Die Unendlichkeit ist da, wo Dinge passieren, die nicht passieren.

S. Knight

Wieder einmal träumte Dr. Googol in den Tag hinein. Diesmal lief er mit Captain Steven Hiller, dem Helden aus dem Sciencefictionfilm „Independence Day", durch die Wüste Nevadas. Plötzlich war der Himmel mit lauten Geräuschen erfüllt und Dr. Googol sah, wie ein riesiges außerirdisches Raumschiff, das in feurige rote Wolken gehüllt zu sein schien, zur Landung ansetzte. Die ganze Erde wurde gleichzeitig von den Außerirdischen mit unglaublicher Härte angegriffen. Die Zerstörer der Aliens waren etwa 30 km lang, das Mutterschiff fast 40 km. Die Schiffe konnten von keiner irdischen Macht zerstört werden.

Ein Außerirdischer näherte sich Dr. Googol. Das war wohl ein Witz. Wenn sich das Wesen auf einem fremden Planeten entwickelt hatte, warum in aller Welt sah es dann so verdammt menschlich aus? Der Alien besaß einen aufrechten Gang und eine vertikale Symmetrieachse; die rechte und linke Seite schauten also gleich aus. Er besaß Finger, jeweils zwei Arme und Beine, einen Kopf mit zwei Augen und einen großen Schädel. Tatsächlich sah der Alien, seiner biomechanischen Rüstung entledigt, mehr wie ein Mensch aus als ein irdischer Lemur, mit dem wir mehr als 95 % unserer Erbmasse teilen.

Science-fiction-Autoren haben eine weitaus breitere Varietät an außerirdischen Organismen und Intelligenzen erfunden, als Hollywood dies je schaffen wird; besonders, da deren Außerirdische immer eine direkte emotionale Reaktion hervorrufen sollen. Dies allein erfordert schon ein Design, das auf wieder erkennbaren, menschlichen Gesichtszügen angepassten Ausdrucksweisen beruht, wie Furcht oder Verärgerung. Tatsächlich sind seit dem Film „War of the Worlds" von 1953 fast ausschließlich „böse" Aliens zu sehen gewesen, die irgendwie gemein und verkommen aussahen oder aber wie Sexteufel mit einer Totenkopffratze.

Sollten wir aber wirklich jemals auf Außerirdische treffen, werden wir wohl kaum in der Lage sein, ihre Stimmung herauszubekommen, indem wir sie uns nur anschauen.

Dr. Googol konnte sich nur sehr schwer aus seinem Traum befreien und fing an, ein mathematisches Problem zu formulieren, in dem Aliens und entführte Menschen eine zentrale Rolle einnehmen. In Dr. Googols Szenario kommen die Furcht erregenden Aliens aus „Independence Day" auf die Erde, um Menschenmaterial für ein Experiment aufzusammeln. Sie schnappen sich einen Mann (in diesem Fall den Präsidenten der USA) und bringen ihn an Bord des riesigen Raumschiffes, das sich oberhalb der Atmosphäre auf einer Umlaufbahn befindet. Die Wesen stellen fest, dass der Mann sich allein und nicht so recht glücklich fühlt, und entführen im nächsten Jahr eine Frau .

Jedes darauf folgende Jahr duplizieren die Außerirdischen die Beute der letzten zwei Jahre, indem sie die gleiche Anzahl an Menschen in der gleichen Aufteilung der Geschlechter und derselben Reihenfolge entführen. Im dritten Jahr fangen Sie demzufolge einen Mann und eine Frau

Im vierten Jahr wird daraus eine Frau, ein Mann, eine Frau; und so weiter. Die Sequenz beginnt mit M, F, M, F, F, M, F …

Ob es möglich ist, das Geschlecht des milliardsten Menschen zu bestimmen, der gefangen wird? Wären die entführten Männer mit dem (numerischen) Verhältnis zwischen Männern und Frauen (♂ / ♀) zufrieden, das sich im Raumschiff nach dem milliardsten Entführungsfall einstellt? (Schließen Sie in diesem Fall einmal die natürliche Fortpflanzung aus.)

Es stellt sich heraus, dass das Geschlecht des n-ten Menschen nicht allzu schwierig zu bestimmen ist. Tatsächlich wurde schon im Jahr 1957 eine ungewöhnliche kleine Veröffentlichung über diese Klasse von Problemen geschrieben und eine Formel zur Bestimmung der Geschlechterzugehörigkeit wurde von T.F. Mulcrone von der Loyola Universität entwickelt. Diese Mulcrone-Formel kann auf Dr. Googols Problem wie folgt angewandt werden. Wenn man dem Mann die Ziffer 1 und der Frau die Ziffer 2 zuteilt, dann kann die Geschlechterfolge durch 1, 2, 1, 2, 2, 1, 2, … dargestellt werden. Der n-te Term M_n der Folge kann nun berechnet werden durch $M_n = \text{trunc}(k*n) - \text{trunc}(k*(n-1))$, wobei $\text{trunc}(x)$ der ganzzahlige Anteil einer beliebigen Zahl x und $k = (5^{1/2} + 1)/2$ sind. C und BASIC-Programme sind unter [www.oup-usa.org/sc/0195133420] zu finden, so dass Sie das n-te Element der Folge leicht berechnen können. Sie können die Programme auch dazu verwenden, das Verhältnis zwischen Männern und Frauen zu berechnen, indem Sie die einzelnen Terme sukzessive nach ihrer Geschlechtszugehörigkeit addieren. Und warum nicht mal sehen, wie das Verhältnis zwischen Männern und Frauen nach 500 Entführungen aussieht. Sie werden überrascht sein, 191 Männern stehen 309 Frauen gegenüber.

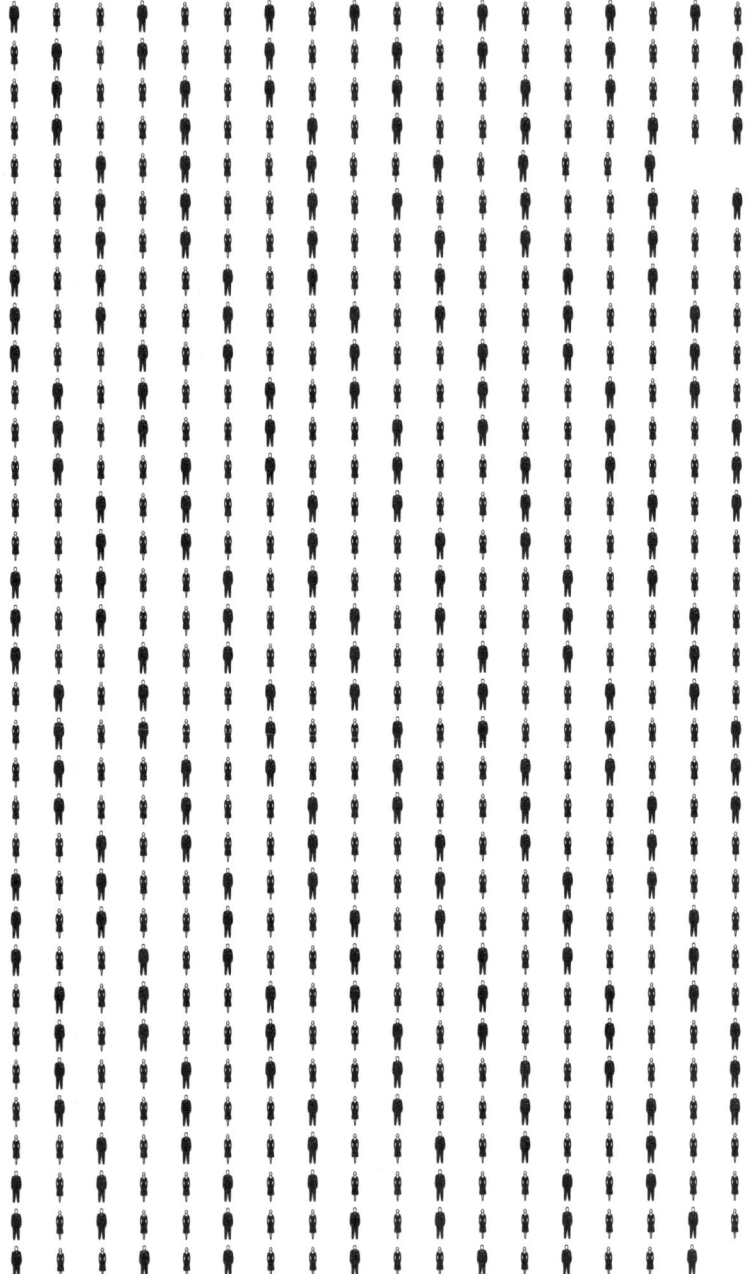

Außerirdische Zuchtversuche 139

Oder anders für die ersten 500 Entführten:

„Wir Männer sind glücklich in 500 Jahren!"

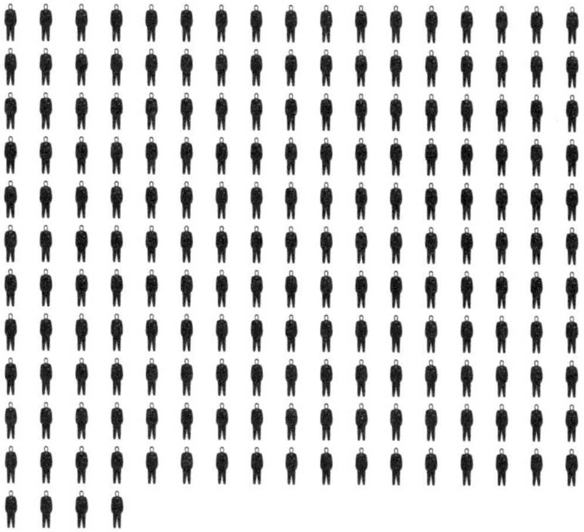

„Wir Frauen brauchen mehr Männer."

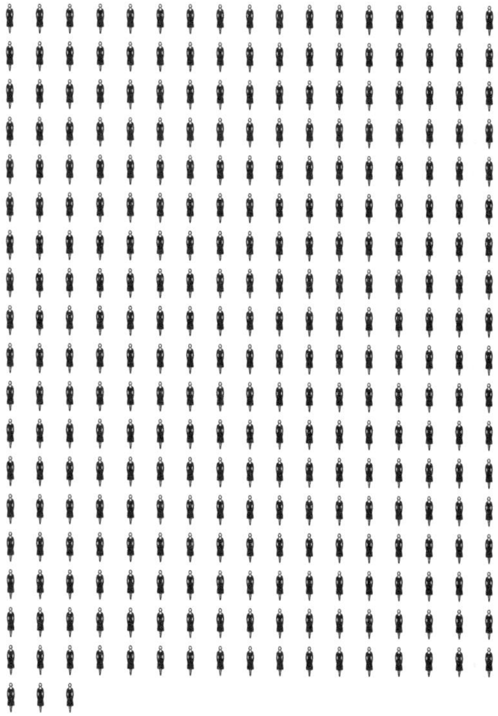

Nach 1000 Entführungen wird's noch schlimmer für die Frauen, nur 382 Männer für 608 Frauen.

Wenn Sie sich mit den Computerprogrammen ausrüsten, können Sie nun leicht das Geschlecht des milliardsten Entführungsopfers berechnen. Und wenn die erste Entführung im Jahr 0 stattgefunden hat, lässt sich leicht berechnen, in welchem Jahr das milliardste Opfer fällig ist. Die Mulcrone-Formel liefert uns, dass es nur 42 Jahre bis dahin dauern wird. Das Verhältnis zwischen Frauen und Männern wird in diesem Fall bei 1618 zu 1 liegen, was, wie ein Computerprogrammierer einmal zu sagen pflegte, besser ist als das Verhältnis in den meisten Kneipen und Bars.

Weitere außerirdische Experimente finden Sie im Anhang zum Kapitel 27.

Programmierbeispiele sind unter [www.oup-usa.org/sc/0195133420].

28 Schizophrene Zahlen

> Die Beschäftigung mit Mathematik ist ein heiliger Wahn des menschlichen Geistes.
>
> *Alfred North Whitehead,* Wissenschaft und Moderne Welt

Der brillante Mathematiker Kevin Brown scheint einen wunderbar verrückten Satz von Zahlen entdeckt zu haben, die schizophrenen Zahlen, $\varnothing$. Für jede positive ganze Zahl existiert eine Rekursion dergestalt, dass

$$f(n) = 10 \times f(n-1) + n$$

ist, wobei f(0) = 0. Es handelt sich dabei um eine Bezugnahme auf den vorher ermittelten Wert der Zahlenfolge. Sie setzen eine Zahl ein und schon erscheint eine Lösung. Diese setzen Sie wieder ein und schon entsteht die neue Lösung usw. So ergibt sich zum Beispiel:

f(1) = 10 × f(0) + 1 = 0 + 1 = 1
f(2) = 10 × f(1) + 2 = 1 + 2 = 12
f(3) = 10 × f(2) + 3 = 10 × 12 + 3 = 123
f(4) = 10 × f(3) + 4 = 10 × 123 + 4 = 1234

„Die Folge ist ja stinklangweilig", wenden Sie jetzt ein? Ah, aber genau hier fängt die Schizophrenie ja erst an. Die Wurzeln dieser Zahlen f(n) für ungerade ganze Zahlen n liefern ein bizarres, durchgängiges Muster. Sie erwecken erst einmal den Eindruck, über einen bestimmten Bereich rational zu sein – also als Bruch zweier ganzer Zahlen dargestellt werden zu können, um dann später in irrationales Verhalten abzugleiten. (Bitte erinnern Sie sich daran, dass auch rationale Zahlen eine unendliche Folge bestimmter Ziffernsequenzen enthalten können, wie zum Beispiel 1/3 = 0.333333333....) Die mathematische Schizophrenie ist hier am Beispiel der ersten 500 Ziffern von ⌀ = $\sqrt{f(49)}$ dargestellt:

$\sqrt{f(49)}$ =
1111111111111111111111111111111111111111111111
0860
55555555555555555555555555555555555555555555
2730541
666666666666666666666666666666666666666666
0296260347
2222222222222222222222222222222222222
0426563940928819
44444444444444444444444444444441
38775551250401171874
9999999999999999999999999
80824968771148630533854 1
6666666666666666666666
5987185738621440638655598958
33333333333333333333
0843604076276082069402770996 09374
99999999999999
062227587555983066639430321587456597
222222222
18634920167911 80833081844....

Ist das keine einzigartige Anordnung von Ziffern? Wenn Sie ⌀ (49) etwas genauer anschauen, stellen Sie fest, dass die Ziffernfolge aus einer sich wiederholenden Anzahl identischer Ziffern besteht, die von zufällig erscheinenden Ziffernfolgen durchbrochen werden. Die Folgen identischer Ziffern werden immer kürzer, während die irregulären Sequenzen immer länger werden, bis sich schließlich keine Ziffern mehr wiederholen, als hätte ein Zahlengott einfach den Hahn zugedreht. Wenn wir aber n anwachsen lassen, können wir das Verschwinden der Folgen identischer Ziffern verzögern. Und seltsamerweise sind die Ziffern, die sich wiederholen, immer in der Reihenfolge 1, 5, 6, 2, 4, 9, 6, 3, 9, 2 ... anzutreffen. Warum das wohl so sein mag? Diese Sequenz (1, 5, 6, 2, 4, ...) nennen wir die **schizophrene Sequenz** – eine Insel der Ruhe in einem Ozean des Chaos.

Die Erzeugung und die Entdeckung dieser schizophrenen Zahlen wurde durch die Behauptung forciert, dass nicht zu erwarten sei, dass die Ziffern einer beliebigen irrationalen Zahl innerhalb der ersten 100 Stellen ein spezielles Muster aufweisen. Sollte dies dennoch der Fall sein, so sei dies ein nicht widerlegbarer Gottesbeweis oder aber der einer außerirdischen Intelligenz. (Eine irrationale Zahl ist eine Zahl, die nicht als Bruch zweier ganzer Zahlen dargestellt werden kann. Transzendentale Zahlen wie e oder π und nicht ganzzahlige Wurzelausdrücke wie $\sqrt{27}$ sind irrationale Zahlen.)

Nun ist aber offensichtlich, dass bestimmte leicht zu erzeugende irrationale Zahlen wie zum Beispiel ℘ (49) wunderbare Muster aufweisen, die ein weites Feld für zukünftige Untersuchungen darstellen. Dr. Googol würde sich freuen, von Ihnen zu hören, falls Sie noch andere bemerkenswerte Entdeckungen auf dem wenig erforschten Gebiet der schizophrenen Zahlen machen sollten.

29 Vollkommene, befreundete und erhabene Zahlen

> Wie das Schöne und Erhabene selten sind und leicht zu zählen, das Hässliche und das Böse aber zahlreich, so sind auch der überflüssigen und minderwertigen Zahlen viele und wild verteilt, so wie sie halt gefunden werden. Die vollkommenen aber sind wenige an der Zahl, leicht zu zählen und aufgereiht in perfekter Ordnung.
>
> *Nichomachos von Gerasa,* 100 n. Chr.

> Der Mensch ist immer auf der Suche nach dem Vollkommenen, aber unvermeidlicherweise weicht es ihm immer wieder aus. Er hat sich auf die Suche nach „vollkommenen Zahlen" gemacht und nach Jahrhunderten der Suche nur eine Hand voll gefunden – bis 1964 waren es genau 23.
>
> *Albert H. Beiler,* Ausruhen in der Zahlentheorie

Dr. Googol hebt seine Hand. „Monika, ich will dir etwas über das Vollkommene erzählen." Seine Stimmte scheint zu einen Flüstern erstorben zu sein, als habe er Furcht davor, belauscht zu werden.

„Das Vollkommene?"

Dr. Googol nickt. „Vollkommene oder perfekte Zahlen sind durch die Summe ihrer echten Teiler darstellbar. So ist zum Beispiel die 6 eine vollkommene Zahl, da $6 = 1 + 2 + 3 = 1 \times 2 \times 3$ ist. (Echte Teiler einer Zahl N sind die ganzzahligen Teiler einer Zahl, durch die eine Zahl N ohne Rest teilbar ist, wobei die Zahl N kein Teiler ist.) Die nächste vollkommene Zahl ist 28, weil $28 = 1 + 2 + 4 + 7 + 14 = 1 \times 2 \times 14 = 4 \times 7$ ist.

Monikas Augen scheinen sich an Dr. Googols haarigem Schnurrbart und seinem Muttermal festgesogen zu haben. „Dr. Googol, es müssen aber noch andere vollkommene Zahlen existieren."

„Ja, aber diese Zahlen sind so selten, dass sie einen besonderen Platz in meinem Herzen einnehmen." Dr. Googol macht eine Kunstpause. „Ich glaube, dass Vollkommenheit unter den Zahlen genauso oft vorkommt wie Güte und Schönheit unter den Menschen. Andererseits sind unvollkommene Zahlen weit verbreitet ebenso wie das Böse und Hässliche."

„Unvollkommene Zahlen?"

„Die, bei denen die Summe ihrer Faktoren größer oder kleiner ist als die Zahl selbst."

Monika nickt. „Mein Freund Bill erwähnte überschießende Zahlen. Können Sie mir sagen, was es damit auf sich hat?"

Dr. Googol klemmte seine Unterlippe zwischen die Zähne. „Wie kann er es wagen, ein solches Geheimnis zu verraten!" Dr. Googol atmet tief durch. „Wenn die Originalzahl kleiner als die Summe ihrer Teiler ist, dann sprechen wir von einer überschießenden oder abundanten Zahl, wie zum Beispiel bei der 12, bei der ja $1 + 2 + 3 + 4 + 6 = 16$ gilt. Ist die Originalzahl größer als die Summe dann nennen wir sie *unzulänglich* oder defizitär, wie zum Beispiel die 8, deren Teiler sich zu $1 + 2 + 4 = 7$ aufaddieren."

„Die meisten Zahlen sind also überflüssig oder unzulänglich? Vollkommenheit ist selten."

Dr. Googol nickt zustimmend. „Du hast's verstanden!" Er beugt sich zu Monika herüber, als wolle er ein Gemälde im Museum näher untersuchen. „Monika, 2 Zahlen werden *befreundet* genannt, wenn die Summe der Teiler der ersten Zahl gleich der zweiten Zahl ist, und umgekehrt. Die Philosophen des Altertums nahmen an, dass sie dieselben Eltern haben, und in ihrer mystischen Weltsicht waren diese Zahlen sympathischer als nicht befreundete Zahlen."

„Kapier ich nicht."

„OK, ein Beispiel. 220 und 284 sind befreundete Zahlen. Lass uns einmal alle echten Teiler von 220 aufschreiben."

Monika beugt sich vor und klatscht in ihre Hände wie ein ungeduldiges Kind. „Schau'n wir mal – 1, 2, 4, 5, 10, 11, 20, 22, 44, 55 und 110."

„Hervorragend. Nun addieren wird diese Teiler und erhalten?"

„1 + 2 + 4 + 5 + 10 + 11 + 20 + 22 + 44 + 55 + 110 = 284"

„Sehr gut. Nun machen wir dasselbe mit 284. Schauen wir uns mal deren echte Teiler an: 1, 2, 4, 71, 142. So, und jetzt addieren wir die mal."

„220, Dr. Googol."

„Ja! Und genau deswegen sind 220 und 284 befreundete Zahlen. Die Summen ihrer Teiler ergeben jeweils die andere Zahl."

Monika nickt. „Interessant. Befreundete Nummern sind wohl ebenso wie vollkommene Zahlen recht selten."

„Krieg ist einfacher zu führen, als in Frieden zu leben."

„220 und 284 wären demzufolge in den Augen eines Gottes der Zahlen perfekte Ehepartner."

Dr. Googol nickt. „Eine perfekte Hochzeit."

Dr. Googol geht zu einer Wand des Weißen Hauses herüber und schreibt etwas mit Kohle daran. Er senkt seine Tonlage um eine Oktave und glaubt, so etwas wie Ehrfurcht in Monikas Augen zu entdecken. „Die ersten vier vollkommenen Zahlen – 6, 28, 496 und 8128 – waren schon den alten Griechen bekannt. Nicomachos und Iamblichos kannten sie schon."

Monika hebt die Hand. „Enden alle vollkommenen Zahlen auf 6 oder 8?"

„Ich bin mir da nicht sicher. Aber ich weiß, dass jede gerade vollkommene Zahl auch eine Dreieckszahl ist." Wieder macht er ein Pause. „Vollkommene Zahlen sind sehr selten. Die fünfte vollkommene Zahl, 33 550 336, wurde in einem mittelalterlichen Manuskript entdeckt. Bis zum heutigen Tag haben die Mathematiker insgesamt nur 30 vollkommene Zahlen entdecken können. Niemand weiß, ob es unendlich viele vollkommene Zahlen gibt."

Dr. Googol läuft es kalt den Rücken herunter, als er das Wort *unendlich* ausspricht.

Er beginnt herumzulaufen. „Vollkommene Zahlen werden immer schneller immer seltener, je größer die Zahlen werden.

Sie können sogar irgendwann einmal komplett verschwinden – oder sich aber sehr gut zwischen diesen vielstelligen Monstrositäten verstecken, die selbst unsere Supercomputer überfordern."

Und wieder schnellt Monikas Hand in die Höhe. „Was ist jetzt mit den befreundeten Zahlen?"

Dr. Googol nickt. „Etwas über 1000 befreundete Zahlen hat man bis heute gefunden. Ein anderes Paar lautet 17 296 und 18 416."

Monika beginnt, wie wild auf ihrem Notebook ein Computerprogramm zu schreiben, das nach befreundeten Zahlen suchen und diese dann ausdrucken soll. Der Computer druckt einige Zahlen aus:

Befreundete Zahlen

200	und	284	5020	und	5564
1184	und	1210	6232	und	6368
2620	und	2924	10 744	und	19 856

„Gute Arbeit, Monika."

Monika betrachtet den Ausdruck und untersucht die Zahlen. Dr. Googol fährt mit seiner Diskussion fort. „Mathematiker haben auch *gesellige* Zahlen untersucht. In diesen Zahlensätzen ist die Summe der Teiler gleich der nächsten Zahl in einer Zahlenkette. So fand im Jahre 1918 zum Beispiel ein Mann namens Poulet die folgende Kette geselliger Zahlen:

12 496 → 14 288 → 15 472 → 14 536 → 14 262 → 12 496

Gesellige Zahlenketten kehren immer zu ihrer Ausgangszahl zurück. Poulets Kette und eine aus 28 Elementen (Abbildung 29.1) bestehende Kette waren die beiden einzigen bis 1969 bekannten Vertreter ihrer Gattung, bis dann Henri Cohen plötzlich mit 7 weiteren Ketten aus jeweils 4 Elementen an die Öffentlichkeit trat."

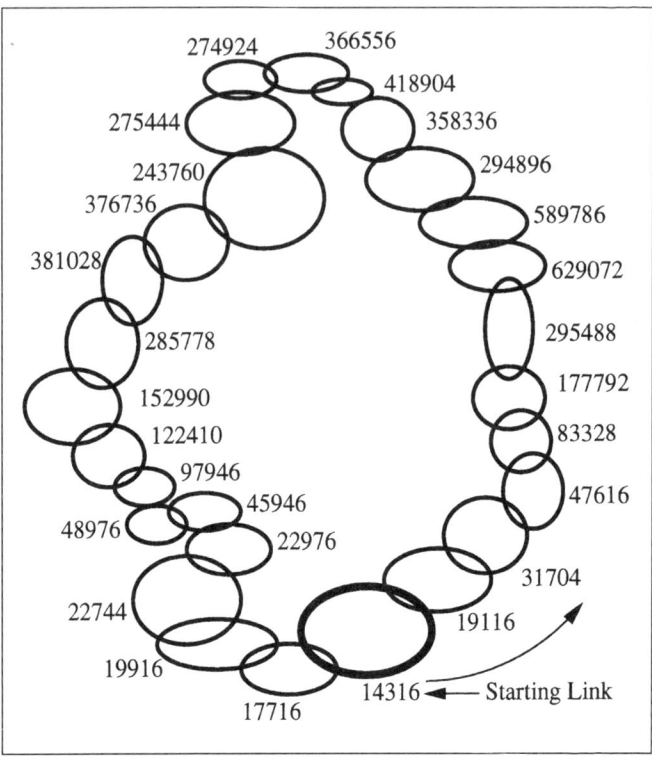

Abb. 29.1 Eine wunderschöne Kette geselliger Zahlen mit 28 Elementen.

Dr. Googols Wortschwall nimmt an Lautstärke und Geschwindigkeit zu. „Ein Paar befreundeter Zahlen wie 220 und 284 ist lediglich eine aus 2 Gliedern bestehende Kette. Eine vollkommene Zahl ist eine Kette mit nur einem Glied." Er atmet tief durch. „Keine Kette mit 3 Gliedern konnte bis heute gefunden werden, trotz massiver und intensiver Suche. Sicher ist nur, dass keine existiert, die Zahlen kleiner als 50 Millionen enthält! Diese hypothetischen 3er-Ketten werden als Gewimmel bezeichnet. Ein solches Gewimmel ist eine sehr schwer fassbare Angelegenheit und mag unter Umständen überhaupt nicht existieren."

„Dr. Googol, Sie sprechen von der Suche nach Zahlen, als würden wir den Himmel nach neuen Sternen absuchen."

„Es kommt dem auch schon sehr nahe. Jede Menge unerforschtes Gebiet."

In diesem Augenblick beginnt der Boden zu wanken. Dr. Googol und Monika schauen sich wie verurteilte Kriminelle schuldbewusst an.

„Dr. Googol, wir sollten uns hier niemals allzu lange aufhalten. Was, wenn das Personal des Weißen Hauses einen unserer Computer gefunden hat? Wir könnten ganz schön in Schwierigkeiten kommen."

„Geht schon klar. Ich bin mit dem Präsidenten befreundet. Er lässt mich sein Büro benutzen. Im Gegenzug berate ich seinen Stab in Wirtschaftsfragen."

„Okay."

„Bevor wir verschwinden, will ich dir aber noch etwas über einige andere Zahlenmonster erzählen, die noch seltener sind als die vollkommenen Zahlen." Dr. Googol geht wieder zur Wand und zeichnet etwas an. „Lass für jede ganze Zahl n zwei Funktionen $\xi(n)$ und $\psi(n)$ existieren, von denen $\xi(n)$ die Anzahl der Teiler von n liefert und $\psi(n)$ die Summe der Teiler von n. Eine Zahl N soll jetzt *sublim* oder *erhaben* genannt werden, wenn $\xi(N)$ und $\psi(N)$ beide vollkommene Zahlen sind. Die einzigen beiden erhabenen Zahlen sind die 12 und diese hier:

6086555670238378989670371734243169622657830773351885970528324860512791691264

Die letztere wurde von Kevin Brown entdeckt. (12 ist erhaben, weil seine Teiler 12, 6, 4, 3, 2, 1 insgesamt 6 sind, also eine vollkommene Zahl ergeben. Die Summe ihrer Teiler ist 28, auch eine vollkommene Zahl.)"

„Erstaunlich."

„Monika, ich habe jetzt noch eine letzte Frage an dich. Glaubst du, dass die Menschen jemals noch eine andere erhabene Zahl finden werden oder zumindest ihre Existenz beweisen können? Können überhaupt ungerade erhabene Zahlen existieren?"

Weitere Tatsachen zu abundanten, befreundeten und vollkommenen Zahlen finden sich im Anhang zum Kapitel 29.

Ein Computerprogramm zur Berechnung vollkommener und befreundeter Zahlen findet sich unter [www.oup-usa.org/sc/0195133420].

30 Primzahlzyklen und ⊣

> Die wahren Entdeckungsreisen benötigen keine fremden Länder, ihnen reicht ein Wechsel der Sichtweise.
>
> Marcel Proust

Jede positive ganze Zahl kann als eindeutiges Produkt von Primzahlen dargestellt werden. So ist zum Beispiel $10 = 5 \times 2$ oder $24 = 2 \times 2 \times 2 \times 3$. Definieren wir jetzt eine neue Funktion F(n), die die Summe aller Primzahlfaktoren der Zahl n berechnet: zum Beispiel ?(24) = 2 + 2 + 2 + 3 = 9. Soweit Dr. Googol nun behaupten kann, führen Iterationen der Form x →⊣ (ax+b) für beliebige ganze Zahlen *a* und *b* unausweichlich zu geschlossenen Schleifen. Als geschlossene oder unendliche Schleifen bezeichnet man eine bestimmte Anzahl von sich wiederholenden Zahlensequenzen. So entdeckte der Mathematiker Kevin Brown, dass für beliebige Startwerte x kleiner als 100 000 die Iteration ⊣ (8x+1) immer in dem 23 Elemente umfassenden Zyklus

66 → 46 → 47 → 42 → 337 → 63 → 106 → 286 → 119 → 953 → 76 → 39 → 313 → 175 → 470 → 3761 → 30089 → 367 → 103 → 24 → 193 → 111 → 134 → 66

endet. Die hier dargestellten Zahlen sind die Summen der Primzahlfaktoren. Auf der anderen Seite liefert die Iteration x →⊣ (7x+3b) immer einen der beiden Grenzzyklen für beliebige Startwerte von x.

Zyklus 1: 30 → 74 → 521 → 85 → 38 → 269 → 66 → 39 → 30 ...
Zyklus 2: 92 → 647 → 118 → 829 → 2905 → 10171 → 109 → 385 → 92 ...

Ein besonders langer Grenzzyklus taucht bei x $\to$ ⌐(13x+12) auf. Er hat eine Periode von 59 und scheint der Einzige für diese Funktion zu sein. Dr. Googol fragt sich nun, ob alle Iterationen letztendlich in einem solchen Grenzzyklus enden und ob eine endliche Anzahl von Grenzzyklen für eine jede beliebige Funktion existieren.

Glauben Sie, Sie könnten etwas Licht in das Dunkel dieser Fragen bringen? Die erste Person, die in diesem Bereich eine neue Entdeckung macht und sie Dr. Googol mailt, erhält als Gegenleistung den Druck einer wunderschönen fraktalen Figur.

31 Karten, Frösche und fraktale Folgen

> Ein Mathematiker, der nicht auch etwas von einem Dichter hat, wird niemals ein fertiger Mathematiker werden.
>
> *Karl Weierstraß*

Fertigen Sie sich einen Satz nummerierter Karten 1, 2, 3, ... n an und halten Sie ihn in Augenhöhe in der Hand. Nehmen Sie die oberste Karte und schieben Sie sie mit der Nummernseite unter den Stapel. Legen Sie die nächste Karte mit der Nummernseite auf den Tisch. Wiederholen Sie diesen Vorgang so lange, bis alle n Karten mit der Nummernseite nach oben auf dem Tisch liegen. Wie weit unterhalb der obersten Karte liegt dann die ursprünglich oberste Karte?

Die Antwort hat mit einer Reihe zu tun, die mit

1, 1, 2, 1, 3, 2, 4, 1, 5, 3, 6, 2, 7, 4, 8, 1, 9, 5, 10, 3, 11, 6, 12, 2, 13, 7, 14, 4, 15, 8, ...

beginnt. Wenn Sie zum Beispiel 5 Karten haben, die in der Reihenfolge 1, 2, 3, 4, 5 angeordnet sind, dann wird die ehemals oberste Karte als Dritte in dem Kartenstapel auf dem Tisch auftauchen. Interessanterweise ist diese Zahlenfolge fraktal, was bedeutet, dass sie eine unendliche Anzahl an „Kopien" ihrer selbst enthält. Sie können das selbst testen. Wenn Sie aus der obigen Reihe jedes Mal eine Zahl herausstreichen, wenn sie zum ersten Mal auftaucht, ist die daraus resultierende Reihe wieder dem Original identisch:

~~1~~, 1, ~~2~~, 1, ~~3~~, 2, ~~4~~, 1, ~~5~~, 3, ~~6~~, 2, ~~7~~, 4, ~~8~~, 1, ~~9~~, 5, ~~10~~, 3, ~~11~~, 6, ~~12~~, 2, ~~13~~, 7, ~~14~~, 4, ~~15~~, 8, ...

Wiederholen Sie das, so oft Sie wollen, die Reihe wird sich nicht ändern! Können Sie eine Formel angeben, mit der das k-te Element der Reihe berechnet werden kann? Wo wird sich die oberste Karte im Stapel auf dem Tisch befinden, wenn Sie 100 Karten verwenden? (Schauen Sie im Anhang zum Kapitel 31 bei den Referenzen unter Clark Kimberling nach, um mehr über diese Reihe zu erfahren.)

Ein anderes Beispiel einer frakatalen Reihe ist die „Signatur-Sequenz" einer positiven irrationalen Zahl R, wie zum Beispiel $\sqrt{2}$. Um diese erstaunliche Reihe zu erzeugen, müssen Sie einen Satz aller Zahlen erzeugen, der aus (i + Hj × R) gebildet werden kann, wobei i und j positive ganze Zahlen sein müssen und die resultierenden Zahlen in ansteigender Reihenfolge angeordnet sein sollten, also gelten soll:

$$i(1) + j(1) \times R < i(2) + j(2) \times R < i(3) + j(3) \times R < ...$$

In diesem Fall wird i(1), i(2), i(3)... als die Signatur von R bezeichnet. So beginnt zum Beispiel die Signatur der Wurzel aus 2 mit

1, 2, 1, 3, 2, 1, 4, 3, 2, 5, 1, 4,3, 6, 3, 5, 1, 4, 7, 3, 6, 2, 5, 8, 1, 4, 7, 3, 6, 9, 2, 5, 8...

Wenn Sie auch hier jedes Mal die Zahl, die das erste Mal in dieser Reihe auftritt, herausstreichen, werden Sie feststellen, dass die verbleibende Reihe mit ihrer erzeugenden identisch ist. Um diese Reihe zu berechnen, hat Dr. Googol einfach alle Möglichkeiten niedergeschrieben, die sich für die i + j × R Sequenz ergeben, und sie ihrer Größe nach geordnet:

Karten, Frösche und fraktale Folgen

1:	$1 + 1 \times \sqrt{2} = 2{,}414$	6:	$1 + 3 \times \sqrt{2} = 4{,}243$
2:	$2 + 1 \times \sqrt{2} = 3{,}414$	7:	$4 + 1 \times \sqrt{2} = 5{,}414$
3:	$1 + 2 \times \sqrt{2} = 3{,}828$	8:	$3 + 2 \times \sqrt{2} = 5{,}828$
4:	$3 + 1 \times \sqrt{2} = 4{,}414$	9:	$2 + 3 \times \sqrt{2} = 6{,}243$
5:	$2 + 2 \times \sqrt{2} = 4{,}828$	10:	$5 + 1 \times \sqrt{2} = 6{,}414$

In diesem Beispiel bilden die Werte für i die obige fraktale Sequenz.

Funktioniert dieses Verfahren auch für andere irrationale Zahlen oder ausschließlich für $\sqrt{2}$? Warum weist diese Sequenz ein so wunderbares fraktales Verhalten auf? Muss die Startzahl unbedingt irrational sein? Könnte es nicht jede beliebige Zufallszahl sein? Würden Sie sich zutrauen, eine solche Sequenz für die schizophrene Zahl aus Kapitel 28 zu erzeugen?

Mehr Informationen über fraktale Signatur-Sequenzen erhalten Sie im Anhang zum Kapitel 31.

Ein Computerprogramm zur Berechnung solcher Reihen findet sich unter [www.oup-usa.org/sc/0195133420].

Sind Sie an einem anderem Beispiel einer fraktalen Reihe interessiert? Die folgende wird die Goldene Reihe genannt:

1 0 1 1 0 1 0 1 1 0 1 1 0 1 0 1 1 0 1 0 1 1 0 1 1 0 1 0 1 1 0 1 ...

Sie lässt sich dadurch erzeugen, dass man mit einer einzigen 1 in der ersten Generation beginnt, diese dann in der zweiten Generation durch eine 10 ersetzt und in allen nachfolgenden Generationen jede 1 durch eine 10 und jede 0 durch eine 1 austauscht. Diese Reihe hat viele bemerkenswerte Eigenschaften, die den Goldenen Schnitt $\Phi = 1{,}6180339... = (1 + \sqrt{5})/2$ zur Grundlage haben. Wenn wir jetzt eine Gerade der Form $y = \Phi x$ in ein Gitternetz einzeichnen, wird diese Sequenz direkt offensichtlich (Abb. 31.1).

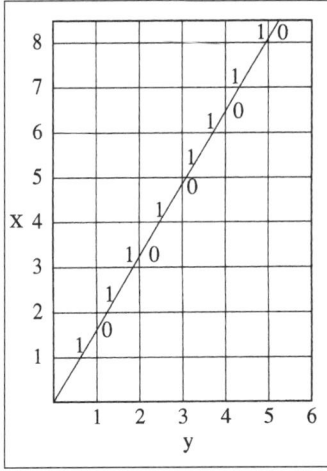

Abb. 31.1 Eine Möglichkeit, die Goldene Reihe zu erzeugen. Die Diagonale entspricht y = Φx mit f = 1.6180339...

Jedes Mal, wenn die Gerade f eine horizontale Gitterlinie schneidet, wird eine 1 an diese Stelle geschrieben, an jeden Schnittpunkt der Geraden mit einer Vertikalen wird eine 0 eingesetzt. Die Linie wird niemals durch einen Schnittpunkt der Gitterlinien laufen. Wenn Sie jetzt vom Nullpunkt ausgehen und sich entlang der Diagonalen bewegen, werden Sie genau auf die Reihenfolge der Einsen und Nullen treffen, die oben angegeben ist – die Goldene Reihe. Ron D. Knott von der Universität von Surrey in Großbritannien hat diese Reihe in eine Tonfolge übersetzt, indem er den Einsen eine Tonhöhe von 220 Hz und den Nullen eine von 440 Hz zugeteilt hat und sie dann mit fünf Tönen pro Sekunde abspielte. Er fand die Tonfolge hypnotisch; sie weist einen eindeutigen Rhythmus auf, der sich permanent zu verändern scheint, gleichzeitig aber das Ohr gefangen hält. Die Frage ist offen, ob sich die Ziffernfolge der Goldenen Reihe jemals wiederholt.

Karten, Frösche und fraktale Folgen

Die Folge kann auch dadurch erzeugt werden, dass man in den ersten beiden Generationen mit einer 1 und einer 10 beginnt und dann in jeder Folgegeneration die vorletzte Ziffernfolge anhängt:

1
10
101
10110
10110101
1011010110110

usw. ...

Einige weitere Besonderheiten dieser Reihe sollen nicht unerwähnt bleiben:

Die Anzahl der Ziffern 1 und 0 in dieser Reihe entspricht den Zahlenwerten einer Fibonacci-Reihe, und das Verhältnis zwischen Einsen und Nullen nähert sich dem Goldenen Schnitt F an, je höher die Generationenzahl ist.

Wenn man eine beliebige Ziffernfolge dieser Reihe unterstreicht, wie zum Beispiel die 10: <u>10</u> 1 <u>10</u>, <u>10</u> 1 <u>10</u> 1 <u>10</u>, <u>10</u> 1 <u>10</u>, <u>10</u> 1 <u>10</u> 1 <u>10</u>, <u>10</u> 1 <u>10</u> ... Ersetzen Sie nun die unterstrichenen Sequenzen durch die Ziffer 2: 2 1 2 2 1 2 1 2 2 1 2 2 1 2 1 2 2 1 2... Und tauschen Sie dann die 1 durch die 0 und die 2 durch die 1 aus: 1 0 1 1 0 1 0 1 1 0 1 1 0 1 0 1 1 0 10 ... und auf wunderbare Weise ist die Ausgangsziffernfolge wiederhergestellt, was zeigt, dass sie auf verschiedenen Skalen selbstähnlich ist – sie ist eine fraktale Sequenz.

Dr. Googols Lieblingssequenzen unter den fraktalen Sequenzen sind aber die froschähnlichen Sequenzen oder Batrachionen. Sie bilden eine Klasse bizarrer und unendlicher rekursiver mathematischer Reihen, die entlang der Zahlengeraden wie „Frösche von einem Seerosenblatt zum nächsten" springen.

Neben ihrer seltsamen Sprunghaftigkeit von einer Zahl zur nächsten weisen sie aber noch andere interessante Züge auf. So sind sie zum Beispiel des Öfteren fraktal und entwickeln ein recht kompliziertes selbstähnliches Verhalten innerhalb verschiedener Größenbereiche. Zudem entstehen sie aus vergleichsweise einfach aussehenden, aber eigenartigen Rekursionsformeln für ganze Zahlen.

$$a(n) = a(a(n-1)) + a(n - a(n-1))$$

Die Formel für die Batrachionen erinnert insofern an die Fibonacci-Reihe, als dass auch sie aus der Summe zweier vorangehender Elemente dieser Reihe gebildet wird – aber nicht aus den unmittelbar vorhergehenden Werten. Die Folge beginnt mit a(1) = 1 und a(2) = 1. Die „zukünftigen" Werte höherer Generationen n hängen aber von vorhergehenden Werten in einer komplizierteren Art und Weise rekursiv ab. Betrachten wir einmal das dritte Element dieser Reihe. Auf den ersten Blick scheint es zu kompliziert zu sein, die Formel per Hand auszurechnen, aber es geht noch:

$$a(3) = a(a(2)) + a(3 - a(2))$$
$$a(3) = a(1) + a(3 - 1)$$
$$a(3) = 1 + a(2)$$
$$a(3) = 1 + 1 = 2$$

Das dritte Element a(3) besitzt also den Wert 2. Die Folge a(n) scheint also recht einfach zu sein und lautet 1, 1, 2, 2, 3, 4, 4, 4, 5 ... Versuchen Sie mal, ein paar weitere Werte zu berechnen. Fällt Ihnen ein spezielles Muster auf? Der sehr produktive Mathematiker John H. Conway präsentierte die Reihe das erste Mal bei einem Vortrag, den er in den AT&T Bell Laboratorien hielt und der „Einige verrückte Zahlenfolgen" betitelt war (siehe hierzu

Karten, Frösche und fraktale Folgen

n	a(n)	a(n)/n	n	a(n)	a(n)/n	n	a(n)	a(n)/n
1	1	1	15	8	0.5333	29	16	0.5517
2	1	1	16	8	0.5	30	16	0.5333
3	2	0.6667	17	9	0.5294	31	16	0.5161
4	2	0.5	18	10	0.5556	32	16	0.5
5	3	0.6	19	11	0.5789	33	17	0.5152
6	4	0.6667	20	12	0.6	34	18	0.5294
7	4	0.5714	21	12	0.5714	35	19	0.5429
8	4	0.5	22	13	0.5909	36	20	0.5556
9	5	0.5556	23	14	0.6087	37	21	0.5676
10	6	0.6	24	14	0.5833	38	21	0.5526
11	7	0.6364	25	15	0.6	39	22	0.5641
12	7	0.5833	26	15	0.5769	40	23	0.575
13	8	0.6154	27	15	0.5556	41	24	0.5854
14	8	0.5714	28	16	0.5714	42	24	0.5714

Tab. 31.1 Die ersten 42 Elemente des Batrachions.

den Anhang zum Kapitel 31). Er stellte fest, dass das Verhältnis $a(n)/n$ mit wachsendem n gegen den Wert $1/2$ strebt. Die Tabelle 31.1 zeigt die ersten 42 Elemente dieser Batrachionen-Reihe und die Werte der entsprechenden $a(n)/n$.

Dr. Googols Interesse an dieser Reihe wurde durch die Lektüre von Manfred Schroeders wunderbarem Buch „Fraktale, Chaos, Machtgesetze" geweckt, das aber leider keine Grafiken enthält, um dem Leser einen besseren Eindruck von dem Verhalten der Batrachionen zu vermitteln. Es zeigt sich nämlich, dass diese Reihe eine unglaubliche Anzahl verborgener Eigenschaften aufweist. Die Abbildung 31.2 zeigt das Verhalten von $a(n)/n$ zwischen 0 und 1000. Das Verhältnis „springt" förmlich von einem Wert 0.5 zum nächsten entlang einer ziemlich kompliziert aussehenden Kurve. Jeder Sprung erscheint niedriger zu sein als der vorangehende, so als ob ein virtueller Frosch auf seinem Weg zu immer größeren Zahlen immer mü-

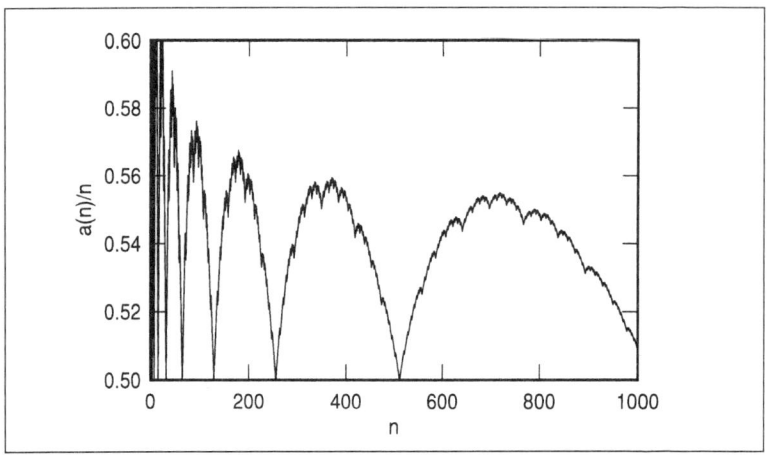

Abb. 31.2 Verhältnis a(n)/n für das Batrachion im Bereich zwischen 0 und 1000.

der würde. Wird der Frosch mit wachsender Zahlengröße irgendwann aufhören zu springen und schläfrig beim Wert 0.5 verharren? Vergrößert man die einzelnen Sprünge, so zeigt sich, dass diese wieder aus sehr vielen Zwischensprüngen bestehen, die ein recht kompliziertes selbstähnliches Verhalten aufweisen.

Wollen Sie mehr über Batrachionen herausfinden und etwas über ein Preisgeld von 10 000 $ erfahren? Dann schauen Sie doch bitte in den Anhang zum Kapitel 31.

Ein entsprechendes Computerprogramm findet sich unter [www.oup-usa.org/sc/0195133420].

Teil IV
Die peruanische Sammlung

Wirklich große Mathematik muss die Natur widerspiegeln:
Eine Schneeflocke, eine moosüberwucherte Höhle,
den Flügel einer Möwe, die Zunge der Viper, die rote Erde Perus,
die zerfurchte Rinde einer uralten Eiche.
Und in hundert Jahren,
wenn die Menschen die Natur vernichtet haben,
wird die moderne Mathematik als Tor dienen
zu all den zerstörten Wundern.

Dr. Francis A. Googol

Mathematik ist nichts,
nicht einmal reine Schönheit,
bis nicht in ihrem Herzen
zwei Zahlen blüh'n.

Dr. Francis A. Googol

32 Die Schachtel vom Nevado de Huascarán

Eine große Wahrheit ist eine Aussage, deren Gegenteil ebenfalls eine große Wahrheit beinhaltet.

Niels Bohr

Letzten Sommer machte Dr. Googol eine Expedition zum peruanischen Regenwald, der zu Füßen des Nevado de Huascarán, des höchsten Berges Perus, liegt. Dort fand er eine geheimnisvolle Schachtel. Auf der Schachtel waren 3 Finger zu sehen, die rot, grün und gelb gefärbt waren. Ein vierter Finger war aus purem Diamant gefertigt. Unterhalb der Finger war der folgende Text zu lesen:

> In dieser Schachtel befindet sich ein kleiner lautloser, gut geschmierter, vibrationsfreier, batteriebetriebener Ventilator. Die bunten Finger sind Ein/Aus-Schalter. Einer von ihnen ist mit dem Ventilator verbunden; die anderen beiden sind Attrappen, die keine Verbindung zum Ventilator haben. Zeigt ein Finger nach oben ☝, so bedeutet dies „Ein", zeigt er nach unten 👇 , „Aus". Der Finger aus Diamant ist unbeweglich.
>
> Sie können die Finger bewegen, wenn Sie wollen. Nachdem Sie die Finger in die Stellung Ihrer Wahl gebracht haben, dürfen Sie einen Blick in das Innere der Schachtel werfen. Wenn Sie sich den Ventilator anschauen, müssen Sie herausfinden, welcher der Finger ihn ein- und ausschaltet. Wie können Sie das wissen? Sie haben nur einen einzigen Blick! Wenn Sie die richtige Antwort gefunden haben, gehört der Finger aus Diamanten Ihnen.

Können Sie Dr. Googol behilflich sein, diesen einzigartigen Diamantfinger ☝ zu ergattern? Glauben Sie, dass dieses Problem überhaupt gelöst werden kann? Sie könnten ja, wenn Sie Lehrer sind, eine solche Schachtel einmal bauen und Ihre Schüler damit experimentieren lassen.

Dr. Googol kämpfte sich tiefer in den Dschungel hinein und fand eine weitere dieser seltsamen Schachteln. Diesmal besaß sie 4 mögliche Aktivierungsschalter: rot, grün, gelb und golden. Direkt neben der Schachtel befand sich ein kleiner Haufen aus scharfem peruanischen Paprikapulver. Der Deckel der Schachtel wies ein Loch auf, durch das man das Pulver in die Schachtel füllen konnte. Wieder waren die farbigen Finger Ein/Aus-Schalter, von denen auch diesmal nur einer mit dem Ventilator verbunden war. Die anderen 3 waren Attrappen ohne Verbindung. Zeigte ein Finger nach oben, bedeutete dies „Ein", zeigte er nach unten, „Aus". In diesem Fall konnte der goldene Finger auch bewegt werden und damit möglicherweise den Ventilator aktiviert.

Und ebenso wie beim vorherigen Rätsel, war nur eine einzige Veränderung der Fingerposition erlaubt. Danach durfte man einen einzigen Blick ins Innere der Schachtel werfen, um zu bestimmen, welcher Finger den Ventilator kontrollierte. Sollte Dr. Googol die richtige Antwort wissen, würde er sich den goldenen Finger nehmen dürfen.

Können Sie Dr. Googol bei seinem Versuch, diesen wertvollen Finger ☝ zu gewinnen, helfen?

Die Antworten zu beiden Rätseln finden sich im Anhang zum Kapitel 32.

33 Ein intergalaktischer Zoo

> Ein Mathematiker ist wie ein Blinder, der in einem lichtlosen Raum nach einer schwarzen Katze sucht, die noch nicht einmal da ist.
>
> *Charles Darwin*

Die flacheren Hänge der westlichen Anden vermischen sich mit dem dicht bewaldeten tropischen Tiefland des Amazonasbeckens und bilden die Montana, die mehr als 60 % der Fläche Perus bedeckt. Als er die geschwungenen Hügel und flachen Ebenen erkundete, überkam Dr. Googol eine Vision. Ob diese Erscheinung von der Übermüdung oder den seltsamen Pflanzen, welche die Einheimischen ihm zu essen gegeben hatten, herrührte, vermochte Dr. Googol nicht zu sagen. Vielleicht war sie aber auch real. Wir werden's nie erfahren.

Dr. Googol beobachtete mit Schrecken, wie ein Außerirdischer Tiere von der Erde für einen intergalaktischen Zoo entführte. Sein Problem bestand nun darin, diese Tiere sicher zum Zoo zu bringen, da er nicht wusste, welche Tiere sich möglicherweise gegenseitig angreifen würden. Der Außerirdische entschloss sich deshalb, die Tiere, bis sie in ihre Käfige kamen, erst einmal in seinem abgedunkelten Raumschiff zu lassen, das über dem Zoo schwebte. Die Dunkelheit würde die Tiere wohl eher dazu verleiten, zu schlafen als zu kämpfen... hoffte zumindest der Außerirdische.

Im Schiff befanden sich 5 Affenpärchen, 4 Jaguarpärchen und 2 Tapirpärchen. (Jedes Paar besteht aus einem männlichen und einem weiblichen Tier.) Als der Außerirdische nun sein Mutterschiff erreichte, öffnete er eine Klappe und sperrte die Tiere einzeln in individuelle Käfige. Erst später wollte er die Tiere nach Arten und Paaren einer Spezies aufteilen.

Da es dunkel war, konnte der Außerirdische die einzelnen Tiere nicht unterscheiden.

Wie viele Tiere muss der Außerirdische mindestens in Käfige sperren, um sicherzustellen, dass er 2 Tiere derselben Art an Bord des Mutterschiffs hat?

Wie viele Tiere muss er abliefern, um sicherzustellen, dass er ein Männchen und ein Weibchen derselben Art an Bord hat?

Schnell, schnell! Der Außerirdische braucht Ihre Hilfe. Die Jaguare fangen schon an zu brüllen und die Affen kreischen vor Panik. Der Tagesanbruch ist nur noch ein paar Minuten entfernt.

Die Lösung findet sich im Anhang zum Kapitel 33.

34 Ein Hummerverkäufer aus Lima

Das erinnert mich an diesen französischen Dichter, der auf die Frage, warum er mit einem Hummer, der ein blaues Band um seinen Körper trug, spazieren ging, antwortete: „Nun er bellt nicht und kennt die Geheimnisse der See."

Ein anonymer Fan von Gerard de Nerval

Der Ozean der peruanischen Küste ist übervoll von Schellfisch, Sardellen, Sardinen, Seezungen, Stint, Makrelen, Schollen, Hummer, Krabben und anderem Meeresgetier. Als Dr. Googol einige der peruanischen Küstenstädte bereiste, traf er eines Tages einen riesigen Mann, der an einer Straßenecke Hummer verkaufte. Allein der Anblick der Hummer ließ Dr. Googol das Wasser im Mund zusammenlaufen.

„Sprechen Sie Englisch?", fragte Dr. Googol.

„Natürlich. Ich bin ja eigentlich aus Lima. Möchten Sie einen Hummer kaufen?"

„Wie viel kostet einer?"

Der Hummerverkäufer hob seine Augenbrauen. „Wenn Sie mir die mathematische Frage, die ich Ihnen stellen werde, korrekt beantworten, bekommen Sie ihn umsonst. Wenn Sie sie aber falsch beantworten, bekommen ich 100 $ von Ihnen. Na, wie klingt das?"

„Guter Vorschlag. Aber ich möchte Sie warnen. Ich habe einen Doktortitel in Mathematik."

Der Hummerverkäufer hielt einen großen Hummer in die Höhe und starrte Dr. Googol in die Augen. Dann reichte er ihm eine Karte, auf der die Frage stand. Die Karte roch nach Fisch und Ebbe und Krabbelgetier. Die Schrift auf der Karte war in der Frakturschrift verfasst. Vielleicht versuchte der Mann auch nur, Dr. Googol mit der Wichtigkeit oder dem Schwierigkeitsgrad der Frage zu beeindrucken.

> Wenn dieser Hummer 10 Pfund plus die Hälfte seines Gewichtes wiegt, wie schwer ist er dann?

Können Sie Dr. Googol helfen. Wenn Sie meinen, die Frage sei schwierig, sind Sie kein Einzelfall. Wenn Sie die Frage als zu einfach abtun, sind Sie entweder brillant oder aber arrogant, aber Dr. Googol wagt eine jede Wette, dass fast niemand Ihrer Freunde diese Frage innerhalb von 15 Sekunden beantworten kann. Versuchen Sie es mal. Sie werden schon sehen. Bis jetzt konnte keiner von Dr. Googols Freunden die Frage ohne Papier und Bleistift beantworten.

Die Lösung findet sich im Anhang zum Kapitel 34.

35 Die Tafel der Inkas

> Ich schaute auf die altertümlichen Ruinen. Diese Steine. Dieses Licht. Ich war ewig weit von New York weg. Mathematische Abstände werden niemals mit Maßstäben gemessen.
>
> Dr. Francis A. Googol

Seine Expedition führte Dr. Googol auch zu den Ruinen von Machu Picchu in der Nähe von Cuzco – den Überresten einer Metropole des untergegangenen Inkareichs. Vor zwölfhundert Jahren hatten die Inkas schon erstaunliche Fähigkeiten in den Bereichen Architektur, Astronomie und Straßenbau besessen – aber Dr. Googol war ja nicht hierher gekommen, um sich dem Studium der Geschichte zu widmen, sondern um sich an der Natur zu erfreuen und seiner Vorfahren zu gedenken, von denen einige bis hin zu den Inkas zurückverfolgt werden können.

Als Dr. Googol nun tiefer in das Ruinenfeld eindrang, fand er sich inmitten trockener Ziegel und alten Mörtels vor einer Tafel wieder, die einige seltsam aussehende Symbole aufwies:

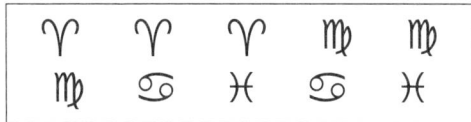

Darunter waren die folgenden Anweisungen zu lesen:

Sie sehen hier 5 vertikal angeordnete Symbolpaare. Wählen Sie aus den unten angebotenen 6 Möglichkeiten ein weiteres Paar aus, das die Reihe vervollständigt.

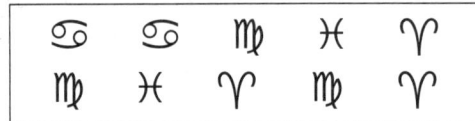

Wenn Sie die richtige Zeile auswählen und die Anordnung vervollständigen, wird sich das folgende wunderbare Ereignis einstellen: Ihr IQ wird um 20 Punkte angehoben werden; Sie werden in der Lage sein, mit den ausgerotteten Inkas zu sprechen und von ihrer alten Weisheit zu lernen, Sie können den Lauf der Zeit jederzeit anhalten und Sie werden einen Tag mit einer bestimmten Person Ihrer Wahl verbringen dürfen, wie dem Dalai Lama, Madonna, Bill Clinton oder Robert Redford.

Dr. Googol starrte auf die verwitterten Tafeln. Warum waren die Anweisungen in einer modernen Sprache verfasst? Es musste sich um einen Jux handeln. Aber trotzdem, es musste eine Lösung geben und er musste sie finden. Die Belohnung war zu verführerisch, um sie einfach zu ignorieren, wenn sie auch unwahrscheinlich erschien.

Die Lösung finden Sie im Anhang zum Kapitel 35.

36 Das Smaragdgambit

> Einstein bemerkte mehr als einmal, wie seltsam es doch ist, dass die Wirklichkeit, so wie sie sich uns darstellt, sich so perfekt den von Menschen gemachten Naturgesetzen unterwirft. Aber unsere Gedanken reichen nur so weit, wie wir in der Lage sind, sie auch zu formulieren. So ist es ja auch möglich, dass das, was wir als Wirklichkeit begreifen, nur eine dünne Schicht der Welt ist, die sich unserer Wahrnehmung erschließt. Ich bin zum Beispiel davon überzeugt, dass die Quantentheorie der konventionellen Logik nur deshalb zu widersprechen scheint, weil diese Form der Logik bis jetzt noch nicht weit genug entwickelt worden ist.
>
> John Bainville, 1998

Dr. Googol und Monika machten sich auf den Weg nach Arequipa in Peru, um zu den Quellen alter Weisheit und Macht vorzustoßen. In der alten Inkafestung lebt der Mystiker, Wahrsager und Hexendoktor Augusto Leguía y Salcedo. Dr. Googol schaute tief in die flackernden magentaroten Augen des Zauberers und wurde von deren hypnotischem Schimmern in ihren Bann gezogen.

„Oh Großer Weiser", begann Dr. Googol, „kannst du mir die Gabe der Unsichtbarkeit verleihen?"

„Ah", erwiderte Augusto Leguía y Salcedo, „wenn ich dir eine solche Macht verleihen soll, musst du zuerst einen Test bestehen."

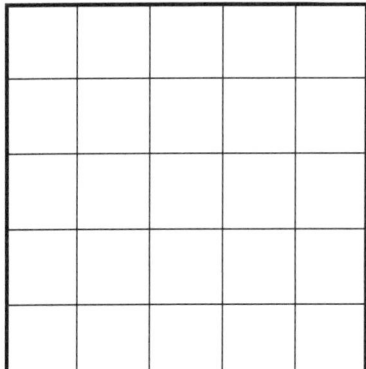

Abb. 36.1 Das Spielbrett für Smaragdgambit.

Er zeichnete ein Spielbrett mit 25 quadratischen Feldern auf (Abb. 36.1). „Verteile auf diesem Spielbrett 13 Rubine und diesen einen Smaragd so, dass in jeder Reihe, in jeder Spalte und auf den beiden Hauptdiagonalen eine gerade Anzahl an Edelsteinen zu finden ist."

Dr. Googol griff nach den Steinen und wandte sich dem Spielbrett zu, in der Meinung, das wäre wohl ein Leckerbissen. „Warte!", schrie Augusto Leguíay Salceda, wobei sich seine Augen dramatisch verfinsterten. Sie sahen Dr. Googol an, als würde er schon langsam durchsichtig werden. „In jedem Quadrat darf nicht mehr als ein Rubin zu finden sein. Und der Smaragd muss zusammen mit einem Rubin in einem Spielfeld liegen. Keine der Reihen, Spalten oder Diagonalen darf ohne Edelstein sein." Er drehte eine Sanduhr, die mit schwarzem Sand gefüllt war, um. „Du hast eine Stunde, das Problem zu lösen. Ansonsten bleiben du und deine schöne Freundin nichts weiter als" – und hier grinste er, während die Adern auf seiner Stirn hervortraten – „mickrige Sichtbare."

Die Lösung finden Sie im Anhang zum Kapitel 36.

37 Yin oder Yang

> Der Trick, den jede Kunst anwendet, ist, das Gewöhnliche in das Außergewöhnliche zu transformieren und dies dann im Spiegel der Metapher wieder umzukehren.
>
> *John Bainville,* 1998

Der große Schöpfergott der Inkas, Viracocha, bereitet gerade einen Geburtstagskuchen für die Zwillingssöhne eines befreundeten Gottes vor. Er weiß, dass einer der beiden sehr gerne Schokolade isst, während der andere Vanille bevorzugt. Viracocha in seiner Weisheit backt den Kuchen in der Form des altehrwürdigen Yin-Yang-Symbols, das die beiden widerstrebenden kosmischen Kräfte repräsentieren soll. Ihm ist auch klar, dass diese Aufteilung die beiden Jungen zufrieden stellen wird, da der Kreis in 2 gleich große Teile unterteilt wird, von denen der eine aus Schokolade und der andere aus Vanille besteht. Nun teilt Viracocha den Kuchen entlang der geschwungenen Linie, die die beiden Geschmacksrichtungen voneinander trennt (Abb. 37.1).

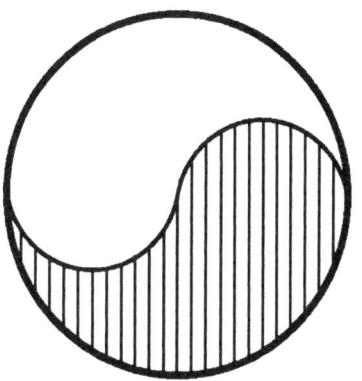

Abb. 37.1 Der Schokolade-Vanille-Kuchen Viracochas.

Als die beiden Knaben den Kuchen erblicken, fangen sie an zu weinen. „Oh Allmächtiger, von dem Kuchen sollten aber 4 Kinder essen und keine 2. Und jeweils 2 von uns essen nur Schokolade, während die anderen beiden nur Vanille wollen."

Viracocha seufzt. „Okay, man kann den Kuchen mit nur einem einzigen weiteren Schnitt auch in 4 gleich große und gleichförmige Teile aufteilen. Sogar gleich viel Zuckerguss ist auf allen 4 Teilen zu finden. Wenn ihr wisst wie, werdet ihr alle 4 zufrieden sein."

Können Sie den Kindern helfen, mit nur einem einzigen weiteren Schnitt das Yin-Yang-Symbol in 4 gleiche Teile zu zerschneiden?

Die Lösung findet sich im Anhang zum Kapitel 37.

38 Verrückte Symmetrie

> Die Mathematik ist wie ein Zug, der seinen Gleisen durch die Landschaften der Realität folgt. Und mit der Entwicklung der Menschheit kommt der Zug immer weiter voran. Immer mehr Wagons werden angehängt, aber kaum einer wird verschrottet. Wenn aber die Mathematik der Zug ist, dann muss ich mich fragen, wer denn die Gleise anlegt, auf denen er fährt?
>
> Dr. Francis A. Googol

Perus Verkehrswesen sieht sich mit den Herausforderungen durch die Gebirgskette der Anden und des weit verzweigten Flusssystems des Amazonas konfrontiert. Die beiden einzigen zusammenhängenden Verkehrsnetze sind die Straßen und Flugplätze; die beiden Eisenbahnnetze konnten bis jetzt noch nicht miteinander verbunden werden.

Dr. Googol fuhr nun mit der größten peruanischen Eisenbahnlinie, die in dem Küstenort Callao in der Nähe von Lima beginnt, zur kontinentalen Wasserscheide, die auf etwa 5300 m Höhe liegt. Er wollte gerade einen Happen zu sich nehmen, als einer der Schaffner bei ihm auftauchte.

„Mein Name ist Jorgo Chávez", stellt sich der Schaffner vor. „Soweit ich gehört habe, sind Sie Mathematiker?"

„Ich verbringe meine Freizeit damit", antwortete Dr. Googol bescheiden.

„Gut, ich habe da eine Frage an Sie. Kommen Sie doch bitte einmal mit." Er führte Dr. Googol in den nächsten Wagon, in dem sich 9 Fässern befanden. Jedes dieser Fässer enthielt einige hundert Plastikmodelle jeweils einer Ziffer. Das erste die der Ziffer 1, das zweite die der 2 und so weiter. Das neunte enthielt demzufolge nur Neunermodelle.

An der Wand hingen mehrere Reihen von Briefkästen, die durch mathematische Gleichungen miteinander in Verbindung gebracht worden waren:

$$\begin{aligned}
&\square = \square \\
&\square + \square = \square \times \square \\
&\square + \square + \square = \square \times \square \times \square \\
&\square + \square + \square + \square = \square \times \square \times \square \times \square \\
&\quad \ldots \text{etc} \ldots
\end{aligned}$$

Der Schaffner zeigte auf die Briefkästen. „Bei jedem Versuch, dieses Problem zu lösen, dürfen Sie nur in ein Fass greifen und dieselbe Zahl in die entsprechenden Briefkästen legen, um die Gleichungen zu erfüllen."

„Interessant", sagte Dr. Googol.

„Ich werde Ihnen eine Hilfestellung geben", fuhr Jorgo Chávez fort. „Es gibt eine unendliche Anzahl an Möglichkeiten, die erste Gleichung zu erfüllen. Wenn Sie zum Beispiel eine 1 in den rechten Briefkasten stecken, muss auch in den linken eine 1 gesteckt werden. Und natürlich ist 1 = 1. Und dies gilt für jede erdenkliche Zahl."

Dr. Googol nickte.

„Schauen Sie sich jetzt die zweite Zeile an, $\square + \square = \square \times \square$. Erstaunlicherweise verringert sich in diesem Fall die Anzahl der möglichen Lösungen von Unendlich auf Eins! Erraten Sie, welche Ziffer diese Gleichung erfüllt?"

„Sehr interessant", erwiderte Dr. Googol.

„Aber jetzt zum wirklichen Problem. Wir würden die Logik gerne auch für die anderen Reihen beibehalten. Welche Ziffern können wir in die anderen Reihen einfügen, damit die Additionen auf den linken immer gleich den Multiplikationen auf den rechten Seiten sind? Und denken Sie daran, in jedem Briefkasten einer Zeile muss dieselbe Ziffer zu finden sein. Wenn Sie also eine 4 in der dritten Zeile einsetzen, muss die Gleichung 4 + 4 + 4 = 4 × 4 × 4 richtig sein, was in diesem Fall aber leider nicht stimmt. Und Sie brauchen sich noch nicht einmal auf die Ziffern in den Fässern zu beschränken. Sie dürfen im Gegenteil jede nur denkbare positive ganze Zahl verwenden. Meinen Sie, Sie können noch weitere Zahlen finden, die für irgendeine beliebige Anzahl von so angeordneten Briefkästen wahre Aussagen liefern?"

Eine Diskussion dieses Problems findet sich im Anhang zum Kapitel 38.

39 Der Monolith von Madre de Dios

Ich hoffe, dass ich meinen Humor mein ganzes Leben lang behalte, ein wenig Mathematik betreiben kann, steinalt werde und dann den Körper hinter mir lasse wie einen Schuh, der zu eng geworden ist.

Clay Fried (in einer E-Mail an Dr. Googol)

Als er durch Madre de Dios, einer Stadt im Osten Perus, spazierte, fand sich Dr. Googol vor einem großen rechteckigen Monolithen wieder. Auf einer Seite dieses riesigen Felsbrockens war ein Muster aus seltsamen Zeichen angebracht. Ob es sich dabei wohl um eine verschlüsselte Botschaft handeln mochte? In der unteren rechten Ecke fehlte ein Zeichen. Vielleicht hatten irgendwelche Astronauten, die in der Vorzeit möglicherweise die Erde besucht hatten, dieses Monument hinterlassen. Vielleicht wollten sie auch unsere Intelligenz testen, indem sie unsere Fähigkeit, das Muster zu vervollständigen, überprüfen.

Welches Symbol muss an die Stelle des fehlenden gesetzt werden? (Hinweis: Die Symbole entsprechen Zahlenwerten.)

Wie würden Sie vorgehen, wenn Sie dieses Rätsel lösen müssten? Gibt es nur eine einzige Lösungsmethode oder vielleicht mehrere?

Der Monolith von Madre de Dios

♍	♐	♐	♐	♑
♐	♎	♑	♑	♎
♐	♍	♑	♐	♐
♎	♐	♑	♐	♍
♍	♎	♐	♎	?

Die Lösung kann im Anhang zum Kapitel 39 nachgeschlagen werden.

40 3 bizarre Rätsel mit der 3

Reine Mathematik ist exakte Religion.

Friedrich von Hardenberg, 1801

Die Zahl 3 spielt in Peru eine wichtige Rolle. Peru ist die drittgrößte Nation in Südamerika. Peru kann von Westen nach Osten in 3 unterschiedliche geografische Regionen unterteilt werden: die Costa (Küste), die Sierra (Hochland) und die Montana oder *selva* (die weiten, bewaldeten östlichen Vorgebirge und Ebenen). In der Landwirtschaft ist ungefähr ein Drittel der Bevölkerung beschäftigt. Aber alle diese Fakten sind nicht der wahre Grund, warum Dr. Googol so von der 3 besessen ist.

Die Hauptgründe, warum Dr. Googol die 3 so liebt, finden sich hier. Die 3 ist die einzige natürliche Zahl, die die Summe ihrer beiden Vorgängerinnen ist. Außerdem ist sie die einzige Zahl, die auch die Summe der Fakultäten ihrer Vorgängerinnen ist: $3 = 1! + 2!$. In vielen Religionen spielt die 3 eine herausragende Rolle. In Babylonien gab es drei Hauptgottheiten: die Sonne, den Mond und die Venus; in Ägypten ebenso: Horus, Osiris und Isis; die Römer hielten es genauso: Jupiter, Mars und Quirinus. Im Christentum steht die 3 für die Dreifaltigkeit aus

Vater, Sohn und Heiligem Geist. In der klassischen Literatur gibt es die 3 Nornen, die 3 Grazien und die 3 Furien. In den meisten Sprachen existieren 3 Geschlechter, männlich, weiblich und neutral, und 3 Vergleichsmöglichkeiten: Positiv, Komparativ und Superlativ.

Der deutsche Kanzler Otto von Bismarck unterschrieb 3 Friedensverträge, diente unter 3 Kaisern, bestritt 3 Kriege, besaß 3 Landsitze und hatte 3 Kinder. Sein Familienwappen hatte das Motto: *In trinitate fortitudo* (Im Dreifachen liegt die Stärke). Ein deutsches Sprichwort lautet: Aller guten Dinge sind 3.

Nach dieser kleinen Ablenkung möchte Dr. Googol Sie aber jetzt mit 3 verteufelt schwierigen Problemen konfrontieren, die auf die eine oder andere vertrackte und ungewöhnliche Art mit der Zahl 3 zu tun haben. Sollte sich ein Zahlenfanatiker finden, der alle 3 Probleme lösen kann, so wird diese Person von Dr. Googol eingeladen, dem Club der 3 Herzen beizutreten.

WACHSTUM

Beginnen Sie mit den Ziffern: 1, 2 und 3 in den ersten 3 Reihen. Jede nachfolgende Reihe wiederholt dann die vorangehenden 3 Reihen, was dann zu folgender Zahlenreihe führt:

1
2
3
123
23123
312323123
12323123312323123
231233123231231232312331233123323123

Wie viele Ziffern besitzt die 100. Reihe?

DREIER-ATOME

Ersetzen Sie die Zweien in der obigen Zahlenfolge durch ein beliebiges Zeichen, in diesem Fall wählt Dr. Googol eine ⚑:

1
⚑
3
1⚑3
⚑31⚑3
31⚑3⚑31⚑3
1⚑3⚑31⚑331⚑3⚑31⚑3
⚑31⚑331⚑3⚑31⚑31⚑3⚑31⚑331⚑31⚑31⚑3

In der letzten Zeile dieser Folge sind 3 verschiedene „Dreier-Atome" zu finden: 3, 31 und 331. Wie viele verschiedene Dreier-Kombinationen werden in der 30. Zeile dieser Folge zu finden sein?

ZELLTEILUNG

Wenn in der Zahlenfolge eine 3 auftaucht, sollen die Ziffern auf der rechten Seite der 3 mit denen auf der linken Seite der 3 vertauscht werden. (Wenn die Ziffer 3 am rechten Rand auftaucht, wie zum Beispiel in 123, passiert natürlich nichts, da rechts von der 3 keine Ziffern mehr zu finden sind.) Die Reihe würde sich also folgendermaßen verändern:

1
2
3
123
23123 wird nun 12323
312312323 wird nun 123123233

Wie sähe in diesem Fall die Atomstruktur der Elemente aus und wie viele verschiedene Dreier-Atome wären in der 30. Zeile zu finden?

Lösungen im Anhang zum Kapitel 40.

Lösungen, Erklärungen und weitere Ausführungen

2 Der ultimative Bibelcode

Dieses Problem wurde von Martin Gardner in der Augustausgabe des „Scientific American" des Jahres 1998 in seiner Kolumne „Mathematical Games" diskutiert, die schon seit 1956 besteht und viele wunderbare mathematische Rätsel hervorgebracht hat.

In diesem speziellen Bibelcode-Rätsel zeigt Gardner, dass jede Wortkette, die unter den oben genannten Bedingungen gebildet wird, beim Wort Gott endet. Das erscheint erst einmal wie ein Wunder, ist aber in Wahrheit das Ergebnis der so genannten „Kruskal-Zählung", einem mathematischen Prinzip, das in den siebziger Jahren von dem Mathematiker Martin Kruskal entdeckt wurde. Wenn nämlich die Gesamtzahl der Wörter in einem Text deutlich größer ist als die Anzahl der Buchstaben in deren längstem Wort, dann ist die Wahrscheinlichkeit sehr hoch, dass sich zwei Wortketten überschneiden, die mit einem beliebig gewählten Startort beginnen. Nach diesem Schnittpunkt sind die zu ermittelnden Wortketten identisch. Je länger der Text ist, desto größer die Wahrscheinlichkeit, dass sich zwei Wortketten in einem Wort treffen.

Dr. Googol wäre nun sehr daran interessiert, andere wundersame Beispiele von Texten mit diesen Eigenschaften kennen zu lernen. Vielleicht kennen Sie religiöse Texte, die die gleiche Eigenschaft besitzen. In einer privaten Mitteilung bemerkte Martin Gardner Dr. Googol gegenüber, dass die Kruskal-Zählung, wird sie auf den entsprechenden Vers des Buches Exodus angewendet, immer beim Wort *Mensch* endet.

3 Die Mathematik des Spinnennetzes

Die Abbildung A3.1 zeigt die 6 Lücken, die die Spinne gelassen hat. Die Antwort auf die Frage nach den kleinsten und größten Spinnen-Zahlen für ein beliebiges (n,m)-Netz bleibt den Mathematikern immer noch verborgen. Dennoch glaubt James Doyle, dass er die größte Spinnen-Zahl für ein (4,3)-Netz entdeckt hat, nämlich 322. Er erhielt diese Zahl, indem er eine Lücke in jedem der drei Kreise einfügte und die vierte auf einen beliebigen Kreis im Bereich direkt links oder rechts neben der schon auf diesem Kreis zu findenden Lücke. Die kleinste Spinnen-Zahl für ein (4,3)-Netz scheint 240 zu sein. Diese erhalten Sie, wenn Sie auf jede der vier geraden Strecken zwischen Mittelpunkt und erstem Kreis eine Lücke einbauen.

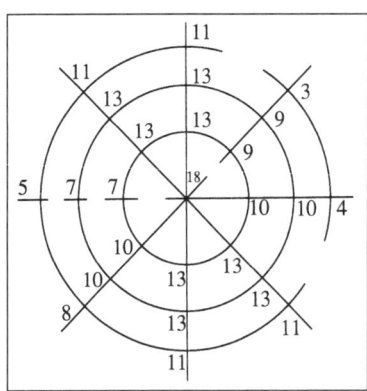

Abb. A3.1: Lösung des Spinnen-Zahl-Problems für das (4,3)-Netz mit 6 Lücken.

Die größte Spinnen-Zahl für ein (2,2)-Netz ist 54. Dieses Ergebnis kann erreicht werden, wenn man 3 Lücken auf einem einzigen Kreis einfügt und die vierte auf dem verbleibenden. Die kleinste Spinnen-Zahl für dieses Netz scheint 32 zu sein. Sie bekommt man, wenn jeweils 2 Lücken auf 2 Geradestücken positioniert werden und jeweils eine Lücke auf jede Seite vom Mittelpunkt.

4 Des Wegs kam ´ne Spinne

🕷 Beim ersten Problem gilt, dass Herr Zehn keine 10 Beine haben kann; also muss er 8 oder 9 Beine haben. Da aber die Spinne mit 9 Beinen Herrn Zehn antwortet, kann er nur 8

Beine haben. Herr Neun kann aber keine 9 haben, weil dies zu seinem Namen passen würde. Also besitzt Herr Neun 10 Beine.

- Beim zweiten Problem reicht 1 Insekt, um die Zuordnung herauszufinden. Man braucht nur ein einziges Insekt aus dem „Fliegen und Moskitos"-(FM)-Kokon auszuwickeln. Angenommen, es ist eine Fliege. Da keiner der Kokons korrekt betitelt ist, kann es sich also nicht um den FM-Kokon handeln, vielmehr muss es der Fliegen-Kokon sein. Damit muss aber der mit „Moskitos" etikettierte Kokon den Insektenmix enthalten, während der verbleibende „Fliegen"-Kokon Moskitos enthält.

- Nun noch kurz zu einem weiteren ungelösten Problem, das Sie einige Zeit beschäftigen wird. Wir sehen jetzt vier Kokons, die mit „Fliegen und Moskitos", „Moskitos und Ameisen", „Ameisen und Wespen" und „nur Wespen" etikettiert sind. Alle Inhaltsangaben sind falsch. Wie viele Insekten müssen in diesem Fall ausgewickelt werden, um eine korrekte Bezeichnung der Kokons zu garantieren, und wie würden Sie dabei vorgehen? Dr. Googol glaubt, dass in diesem Fall 3 Insekten freigelegt werden müssen. Stimmen Sie mit ihm überein?

5 Amors Pfeile

Die Abbildung A5.1 zeigt eine mögliche herzensbrechende Zahlenkombination. Dr. Googol kennt noch 5 weitere. Sie auch?

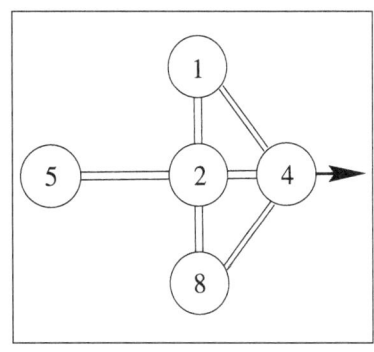

Abb. A5.1: Eine Lösung für Amors Pfeil. Es gibt aber noch andere.

6 Geheimnisvolle Quadrate

Auch hier gibt es mehrere Lösungsmöglichkeiten. So zum Beispiel:

	12	7	
8			11
9			6
	5	10	

Oder:

	7	12	
11			8
6			9
	10	5	

Beachten Sie bitte, dass bei dieser Lösung die Vierergruppen (1, 2, 3, 4), (5, 6, 7, 8) und (9, 10, 11, 12) im Uhrzeigersinn angeordnet sind. Könnten Sie auch Lösungen für größere Quadrate finden?

7 Die Flötenspieler von Papua

Warum sollte wohl ein seltsamer Stamm in den entlegensten Teilen des neuguineischen Regenwaldes gerade eine solche Tonfolge auf seinen Holzinstrumenten spielen? Dr. Googol hat da so seine berechtigten Zweifel, was den Wahrheitsgehalt von Omars Geschichte anbelangt, aber das rhythmische Muster klingt schon recht seltsam. Sie könnten den Rhythmus ja mal auf Ihrem Tisch schlagen oder von einem Computer abspielen lassen, dabei die tiefen Töne mit der flachen Hand auf der Tischplatte anschlagen, die hohen Töne mit einem Bleistift simulieren oder aber die Tonlänge anpassen. Hören Sie dann ein Muster? Es ist schon ziemlich verwirrend, da es sich nie gleichförmig wiederholt wie etwa die meisten konventionellen Rhythmen. Wenn die Reihe aber nicht zufällig ist, was ist sie dann?

Aber die binären Zahlen besitzen nicht nur musikalische Qualitäten, sie können auch andere Muster und Motive eher darstellender Art erzeugen, wie zum Beispiel grafische Muster. Hierzu finden sich besonders interessante Beispiele in M. Schroeders „Fraktale, Chaos, Machtgesetze".

Andere Beispiele solcher aperiodischer Barcodes finden sich in Kapitel 24 über die ⵞ-Zahlen.

Die neuesten Informationen zur Morse-Thue-Sequenz und ihrer Relevanz in scheinbar unzusammenhängenden Gebieten finden sich bei Jean-Paul Allouche und Jeffrey Shallit: „The ubiquitous Prouhet-Thue-Morse Sequence", in: *Sequences and their Applications: Proceedings of SETA 1998* (New York: Springer 1999), 1–16. In diesem Artikel zeigen die Autoren, unter welchen Bedingungen diese Sequenz unerwartet aufzutauchen scheint, zum Beispiel bei Schachproblemen, der Theorie der Quasikristalle, bei Vibrationsmodi in Legierungen, in der mathematischen Physik, bei wortkombinatorischen Problemen, der Differentialgeometrie, Zahlentheorie und bei der iterativen Berechnung kontinuierlicher Funktionen. Auch weisen sie darauf hin, dass diese Sequenz schon vor ihrer Beschreibung durch Morse und Thue bekannt gewesen sein muss, da sie schon 1851 in einer Veröffentlichung von E. Prouhet erwähnt wurde. Die beiden Autoren schließen ihren Artikel mit der Bemerkung ab, dass „die Suche nach den vielen Manifestationen der Prouhet-Thue-Morse-Sequenz in der Literatur sehr gut dazu verwendet werden kann, einen erfrischenden und erhellenden Streifzug durch viele der faszinierendsten Gebiete der Mathematik zu unternehmen."

8 Interview mit einer Zahl

Hier sind die 5 anderen vierstelligen Zahlen, die echte Vampirzahlen sind:

$21 \times 60 = 1260$ $15 \times 93 = 1395$ $30 \times 51 = 1530$
$21 \times 87 = 1827$ $80 \times 86 = 6880$

Natürlich gibt es noch viel längere Vampirzahlen, so zum Beispiel 155 sechsstellige Vampirzahlen. Erst kürzlich wurden Computerwissenschaftler und Mathematiker von Dr. Googol aufgefordert, die größtmögliche Vampirzahl zu berechnen. Ein solches Juwel ist zum Beispiel:

$$1\,234\,554\,321 \times 9\,162\,361\,086 = 11\,311\,432\,469\,283\,552\,606$$

John Childs gelang es sogar, mit Hilfe eines Pascal-Programms auf einem 486er Computer eine 40-stellige Vampirzahl zu erzeugen. Die erstaunliche Zahl lautet:

$$98\,765\,432\,198\,765\,432\,198 \times 98\,765\,432\,198\,830\,604\,534 =$$
$$9\,754\,610\,597\,415\,368\,368\,844\,499\,268\,390\,128\,385\,732$$

Wie oft werden wir mit wachsenden Zahlen wohl auf solche Vampirzahlen treffen? Werden sie dünner gesät sein oder sich eher verdichten, wenn man nach ihnen bis hin zu einem Googol sucht? In der Literatur zu diesem Kapitel finden Sie die neuesten Publikationen zu diesen Zahlen.

9 Hartnäckige Zahlen

Hier ist eine Liste der kleinsten Zahlen mit der entsprechenden Persistenz:

1	10
2	25
3	39
4	77
5	679
6	6788
7	68889
8	2677889
9	26888999
10	3778888999
11	2777777888899

Bitte beachten Sie die Dominanz der Ziffern 8 und 9 – schier unglaublich. Warum befinden sich wohl so viele Achten und Neunen als Ziffern in diesen Zahlen? Auch weiß niemand, ob Zahlen existieren, die eine Persistenz von 12 haben. Jedenfalls wissen wir, dass keine einzige Zahl kleiner als 1050 eine Persistenz größer als 11 besitzt. Neil Sloane vermutet, dass eine Zahl N existieren muss, für die gilt, dass keine Zahl existiert, die eine Persistenz größer als N haben kann.

Eine weitere Vermutung besagt, dass die größte Zahl mit einer Persistenz von 11, die selbst keine 1 in ihrer Ziffernfolge aufweist, folgende ist:

$$77\,777\,733\,332\,222\,222\,222\,222\,222\,222$$

10 Was wäre, wenn wir Botschaften von den Sternen erhielten?

Gottes Formel: Die Menschen haben schon seit mehreren Jahrzehnten mit dem Gedanken gespielt, eine Botschaft zu den Sternen loszuschicken. Und genauso lange geht auch schon die Debatte, welche Botschaft wohl die optimale wäre. So schlugen zum Beispiel in den siebziger Jahren sowjetische Wissenschaftler die folgende Mitteilung vor:

$$10^2 + 11^2 + 12^2 = 13^2 + 14^2$$

Die Sowjets bezeichneten diese Gleichung als „Blickfang". Sie weisen darauf hin, dass die Summe auf beiden Seiten jeweils 365 ist, also die Anzahl der Tage, die ein Erdenjahr besitzt. Die fantasiebegabten Sowjets gingen sogar noch weiter und behaupteten, dass die potenziellen Außerirdischen bestimmt schon die Rotationsdauer der Erde und ihre Umlaufzeit herausgefunden hätten und so die Bedeutung dieser Gleichung sofort erfassen würden! Das würde die Aufmerksamkeit der Außerirdischen auf uns lenken und ihnen gleichzeitig unsere mathematischen Fähigkeiten vor Augen führen.

Dr. Googol hält nichts von diesem Vorschlag und die Gleichung für zu beliebig, als dass sie eine wirklich gute Kandidatin für eine erste Kontaktaufnahme abgeben würde. Er würde vielmehr versuchen, eine Formel auf den Weg zu schicken, die mit zu den rätselhaftesten und gehaltvollsten mathematischen Beziehungen zählt, die die Menschheit kennt:

$$1 + e^{i\pi} = 0$$

Diese Formel wurde von Leonhard Euler (1707–1783) formuliert und vereinigt die fünf wichtigsten mathematischen Symbole überhaupt miteinander: 1, 0, p, e und i (die Wurzel aus –1).

Ein anderer wunderschöner und wunderlicher Ausdruck bezieht sich auf einen Grenzwert, der nicht nur p und e zueinander in Beziehung setzt, sondern auch Wurzeln, Fakultäten, Potenzen und den Grenzwert gegen Unendlich. Und bestimmt wird diese nur wenig bekannte Schönheit Gott vor Freude weinen lassen:

$$\lim_{n \to \infty} \frac{e^n n!}{n^n \cdot \sqrt{n}} = \sqrt{2\pi}$$

13 Die 10 mathematischen Formeln, die die Welt verändert haben

Der Wissenschaftsphilosoph Dennis Gordon ist der Meinung, dass die Diskriminante einer kubischen Gleichung, $D = (n/2)^2 + (m/3)^3$, ebenfalls in der Liste der zehn wichtigsten Formel auftauchen sollte. (Der Wert dieser Diskriminanten bestimmt, ob die Lösungen eines Polynoms wie etwa $x^3 + mx = n$ real oder komplex sind. Wenn $D < 0$ ist und die $\sqrt{D}$ demzufolge eine komplexe Zahl ist, besitzt die Gleichung drei reelle Lösungen.) Im 16. Jahrhundert waren es gerade die Lösungen solcher Gleichungen, die die Daseinsberechtigung der negativen und komplexen Zahlen begründeten und so einen wesentlichen Beitrag zum Fortschritt in der Mathematik lieferten.

Dennis Gordon ist weiterhin der Ansicht, dass sowohl $\frac{d}{dx} e^x = e^x$ als auch $\log(ab) = \log(a) + \log(b)$ in der Rangliste auftauchen sollten. Zumal die Erfindung der Logarithmen einen wesentlichen Beitrag zur Vereinfachung des Rechenaufwandes bei Multiplikationen liefert und die Mathematik damit auch weniger anfällig für Rechenfehler machte.

14 Hagelschlag-Zahlen

Bill Richard von den Commodores verwendet die Hagelschlag-Sequenz, um eine interessante Musik zu erzeugen. Die Werte der Hagelschlag-Zahlen werden als Tonfrequenzen aufgefasst und so skaliert, dass sie immer im hörbaren Bereich des menschlichen Ohres bleiben. So weist er zum Beispiel der Zahl 1 eine Frequenz von 40 Hz zu, da 1 Hz bereits unterhalb der menschlichen Hörschwelle liegt und damit keine musikalisch sinnvollen Töne erzeugt. Er bemerkt dazu, dass die Hagelschlag-Zahlen eine „vergleichsweise angenehme Tonfolge" erzeugen.

Die Darstellung der Hagelschlag-Zahlen weist ein Muster aus diagonal verlaufenden Linien wechselnder Intensität auf, die alle durch den Koordinatenursprung laufen. Des Weiteren ist ein Muster aus horizontal verlaufenden Linien vor einem diffusen „Hintergrund" auszumachen, das optisch an bestimmte in der Quantenmechanik gebräuchliche Diagramme diskreter Energiezustände erinnert. Die Existenz solcher hervorgehobener diagonaler Linien, die in Abbildung 14.2 zu sehen ist, weist auf „Ähnlichkeits"-Transformationen hin, die sich natürlicherweise aus der Sequenz 3n + 1 ergeben. Bei der Berechnung der Hagelschlag-Zahlen multiplizieren wir oft mit 3 und teilen dann durch 2. Die Transformation y = (3 x / 2) ist demnach sehr gebräuchlich (wobei es kein Problem macht, für große Werte von x den Summanden 1 einfach wegzulassen.) Sie können dies überprüfen, indem Sie einige Kurven mit y = ($3^n/2^m$)x x einzeichnen, wobei die Werte für m und n zwischen 0 und 5 liegen können. Einige der Linien, die sich daraus ergeben, sind mit den Diagonalen in der Abbildung 14.2 identisch. Um das gesamte diagonale Muster abbilden zu können, benötigt man größere Werte für m und n. Die unterschiedliche Helligkeit der Diagonalen in der Abbildung 14.2 weist auch auf die wahrscheinlicheren Transformationen hin. So sind zum Beispiel alle dunkleren Linien durch Transformationen geringerer Ordnung darstellbar (die Multiplikationen mit 3/2 und 1/2 gehören zu den häufigsten).

15 Die unglaubliche Jagd nach zweifach glatt undulierenden natürlichen Zahlen

Dieses Kapitel bezeichnet als undulierende Zahlen solche wie 19 283 746 und als glatt undulierende Zahlen solche wie 101 010 101, bei denen die aufeinander folgenden Ziffern jeweils kleiner oder größer sind als ihre direkten Nachbarn. Diese Definition veranlasste Charles Ashbacher, nach Zahlen zu suchen, die in ihrer Schreibweise nicht nur bei einer Basis undulieren. Gefunden hat er zum Beispiel die mehrfach glatt undulierenden ganzen Zahlen $121_{10} = 171_8 = 232_7$ und $546_{10} = 4141_5 = 20\ 202_4 = 20\ 2020_3$. (Die Schreibweise, die hier verwendet wird, soll wie folgt interpretiert werden: $abcd_n = a \times n^3 + b \times n^2 + c \times n^1 + d \times n^0$.)

Als Dr. Googol das erste Mal das Problem der *zweifach glatt undulierenden Ganzzahlen* ansprach, hatte dies erbitterte Auseinandersetzungen und eine Flut von Veröffentlichungen im *Jour-*

nal of Recreational Mathematics zur Folge. So glaubt zum Beispiel Douglas E. Jackson herausgefunden zu haben, dass, wenn wir eine beliebige Zahl mit 3 oder mehr (k) Stellen zu einer Basis b auswählen, die Wahrscheinlichkeit, dass es sich dabei um eine glatt undulierende Zahl handelt, $[(b-1)^2(k-2)]/(b^k-b^2)$ ist. Mit wachsender Ziffernzahl k sinkt die Wahrscheinlichkeit also sehr schnell und geht gegen Null. Deshalb ist die Wahrscheinlichkeit, dass eine beliebige positive ganze Zahl glatt undulierend ist, gleich 0. Die Herleitung finden Sie in Jackson, D.: „Problem 1861". *Journal of Recreational Mathematics* (1992) 24(1): 77.

Diese Wahrscheinlichkeitsargumentation beweist aber nicht, dass keine zweifach glatt undulierenden ganzen Zahlen existieren. Dennoch meint D.F. Robinson von der neuseeländischen Canterbury Universität, bewiesen zu haben, dass keine zweifach glatt undulierenden Ganzzahlen existieren können. Interessierte Leser werden hiermit auf die Referenzen zu diesem Thema verwiesen. Andere Forscher haben sich wiederum der Suche nach zweifach undulierenden ganzen Zahlen mit anderen Basen gewidmet. So hat zum Beispiel Ken Shiriff herausgefunden, dass 494 949 sowohl im 10er- als auch im 15er- System glatt unduliert. Aus bisher noch nicht bekannten Gründen scheinen die längsten zweifach glatt undulierenden ganzen Zahlen immer im 10er-System und einem anderen System aufzutauchen; ein seltsames Problem, das noch weitere Generationen von Mathematikern beschäftigen wird (siehe hierzu auch die Literaturhinweise zu diesem Kapitel).

Des Weiteren lassen sich noch die undulierenden Zahlen definieren, deren Ziffernfolge kontinuierlich an- und absteigt wie bei einer Sinuswelle. Die Anzahl der Ziffern, die zwischen Tal und Berg der Welle liegen, bestimmt die „Ordnung" einer solchen Zahl:

Glatt undulierende Zahlen erster Ordnung: 1212121212…
Glatt undulierende Zahlen zweiter Ordnung: 1232123212321…
Glatt undulierende Zahlen dritter Ordnung: 1234321234321…

Eine zweifach glatt undulierende Zahl n-ter Ordnung ist dann einfach eine Zahl, die diese Wellenform in zwei unterschiedlichen Zahlensystemen beibehält.

Wären Sie in der Lage eine zweifach glatt undulierende Zahl dritter Ordnung zu finden?

Gibt es Fibonacci-Zahlen, die glatt undulierend sind?

Können Sie eine glatt undulierende Zahl herausfinden, die, wenn mit einer zweiten glatt undulierenden Zahl multipliziert, wieder eine glatt undulierende Zahl ergibt?

16 Vom Schönen, der Symmetrie und den Pascalschen Dreiecken

Viele Leser werden sich die Frage nach der praktischen Anwendung von Fraktalen stellen. Nun, Fraktale werden in zunehmendem Maße dort eingesetzt, wo computergrafische Methoden und Simulationen integraler Bestandteil des Produktentwicklungsprozesses sind. So fertigt zum Beispiel die in Idaho, USA, ansässige Firma Amalgamated Research, Inc., spezielle räumlich verteilte Rohrleitungssysteme auf fraktaler Basis an. Diese verfügen über ein komplexes wurzelwerkartiges System von Ausströmöffnungen, die dazu dienen, die Turbulenz zu verringern. Das von der Firma entwickelte verzweigte fraktale Kaskadensystem (EFC) ist in der Lage, überall in einem Mischkessel gleichzeitig Flüssigkeit zuzuführen und abzupumpen.

Diese Erfindung von Amalgamated Research macht es möglich, die eher willkürliche Intensität (Turbulenzgrad) und Verteilung der in einer Strömung auftretenden freien Turbulenz durch einen geometrisch kontrollierten Turbulenzgrad und eine „angepasste" fraktal gesteuerte Strömungsführung zu ersetzen. Die EFCs können demzufolge als Alternative zu herkömmlichen turbulenten Durchmischungen dazu benutzt werden, indem sie kontrollierte Wirbelkaskaden entstehen lassen. Die Anwendung dieser Technik reicht von der Kontrolle von Strömungsvorgängen in der Chromatographie, Adsorption, Absorption, Destillation, Belüftungstechnik bis zu Sandstrahlvorgängen und Trenn- und Reaktorprozessen. (Unter http://www.arifractal.com finden sich noch weitere Informationen.)

Die Firma aus Fort Lauderdale in Florida, USA, Fractal Antenna Systems, Inc., ist mit der Entwicklung so genannter verzweigter „Fraktennen" für Mobilfunkanwendungen beschäftigt. Wie der Name schon vermuten lässt, entwickelt diese Firma Antennen in einem Design, das sich über mehrere Größenordnungen erstreckt und identisch geometrisch ist. Da es sich bei dieser Entwicklung um Firmengeheimnisse handelt, können auch keine weiteren Details dazu angegeben werden, sicher ist aber, dass es sich dabei um hocheffiziente Sende- und Empfangsgeräte handelt, die nicht größer als eine kleine Münze sein sollen.

Solche fraktalen Antennen scheinen sehr viel versprechend zu sein, da diese kleinen und nahezu unsichtbaren Geräte in fast allen elektronischen Kommunikationsmitteln zum Einsatz kommen könnten, wie etwa in kabellosen LAN-Verbindungen (Local Area Networks: Computernetze, die beschränkte räumliche Bereiche, meistens Abteilungen einer Firma oder die Firma selbst abdecken) oder bei Mobiltelefonen und Fernsehgeräten. Diese Fraktennen können in die Gehäuse der Mobilfunkgeräte integriert werden, was sie damit nahezu unzerstörbar macht. (Weitere Informationen unter: http://www.fractenna.com)

Eine weitere Anwendung fraktaler Strukturen findet sich im fiberoptischen Bereich, wo ein Bündel von Millionen fiberoptischer Fasern zu einem dünnen zylindrischen Rohr zusammengefügt wird. Dieser Faserverbund dient als optisches Übertragungsmedium. Ein Bild, das an einem Ende der Röhre eingespeist wird, erscheint am Austritt des Verbunds als digitalisiertes Bild, vollkommen unabhängig von den Verformungen, die der Faserverbund auf der Übertragungsstrecke durchläuft. Solche Röhren können wie Periskope verwendet werden, mit denen man um die Ecke schauen kann.

Vor einigen Jahren interessierte sich der auf dem Gebiet solcher fiberoptischen Lichtwellenleiter arbeitende Wissenschaftler Lee Cook von der Galileo Electro-Optics Corporation in Massachusetts, USA, für die Anordnung von Fasern, die eine bestmögliche Übertragungsqualität garantieren. Eine Analyse bestimmter rekursiver Anordnungen von Fasern führte Cook und seine Kollegen zu der Erkenntnis, dass die Ränder eines solchen gebündelten Lichtwellenleiters fraktale Strukturen aufweisen müssen. Dies führte wiederum zur Entwicklung von Fertigungsverfahren und Anordnungen fraktaler Raster, die es den Technikern von Galileo erlauben, hochgradig geordnete Faserverbünde herzustellen. Inzwischen sind einige dieser Techniken schon patentiert worden.

Fractal fiberoptics™ mögen wohl die ersten industriell hergestellten fraktalen Materialien sein, die brauchbare optische Eigenschaften besitzen. Ein fraktaler Faserverbund, der wiederum aus Fasern von Fasern (Multi-Multifaserverbund) besteht, weist eine extrem hohe innere Ordnung auf und eine optisch verwertbare Packungsdichte der Verbundfasern. Diese erhöhte Ordnung führt zu einer wesentlich besseren Qualität, die sich in einem erhöhten Kontrast äußert. Die äußere Form dieses Multi-Multifaserverbundes ist mit der fraktalen Gosper-Schneeflocke identisch. (Hierbei handelt es sich um einen Körper, der aus einem regelmäßigen Sechseck entsteht, wobei jede Seite in 3 Segmente gleicher Länge unterteilt wird, um so die Gesamtfläche konstant zu halten.)

Die Auslastung des Internets weist sehr starke Schwankungen mit unvorhersagbaren Spitzen über bestimmte Zeitskalen auf. Die Aktivitäten verteilen sich über Spitzenwerte und Ruhephasen, die einige Sekunden dauern und den Schwankungen im Millisekundenbereich ähneln. Dieses fraktale Verhalten zieht natürlich auch Konsequenzen bei der Auslegung des Netzes nach sich. So könnten Fraktale zum Beispiel eine wichtige Rolle bei der Auslegung so genannter Buffer für die Internet-Router spielen, die ganze Informationspakete während der Hochaktivitätsphasen zwischenspeichern, bis sie an ihre Zieladresse weitergeleitet werden können. Da einige Wissenschaftler schon die fraktale Natur dieses Internetverkehrs bereits nachweisen konnten, wurden die Buffer so ausgelegt, dass sie sich an das extrem schwankende Datenaufkommen besser anpassen können als ursprünglich vorgesehen. (Weitere Informationen sind bei G. Taubes: „Fractals remerge in the new math of the Internet". In: *Science* Sept. 1998 25, 281 (5385): 1947–1948 zu finden.)

Im Jahr 1999 verwendeten die Physiker Richard Taylor, Adam Micolich und David Jonas Fraktale, um die Gemälde von Jackson Pollock zu analysieren, und fanden heraus, dass dieser Künstler sich mit Ideen, die den Fraktalen und der Chaostheorie zugrunde liegen, schon eingehender beschäftigt hat, bevor sie zum Gegenstand der Normalwissenschaft wurden. Besonders die abstrakten Gemälde, die Pollock in den vierziger und fünfziger Jahren des 20. Jahrhunderts geschaffen hat, sind einer solchen Analyse zugänglich. Pollock ließ nämlich in seiner Scheune einfach Farbtropfen auf eine am Boden liegende leere Leinwand fallen. Obwohl die Gemälde selbst als deutlicher und wichtiger Fortschritt in der Entwicklung der modernen Kunst angesehen wurden, waren Aussagekraft und Qualität der durch diese unorthodoxe Methode geschaffenen Bilder Gegenstand kontroverser Debatten. Heute hingegen wissen wir, dass die Gemälde fraktale Eigenschaften besitzen und sozusagen als Fingerabdruck der Natur interpretiert werden können. Weitergehende Informationen hierzu finden sich bei Taylor, R., Micolich, A. und Jonas, D.: „Fractal expressionism". In: *Physics World*. Oct. 1998 12(10): 25–28.

In welche Richtung wird sich der Bereich der Fraktale wohl entwickeln? Neben den schon erwähnten Anwendungsgebieten und ihrer Verwendung in der Lehre und Kunst scheinen 4 Bereiche die vielversprechendsten Entwicklungsmöglichkeiten aufzuweisen: Geologie, Medizin, Astronomie und reine Mathematik. Gerade in diesen Bereichen kann von Fraktalen profitiert werden, da die fraktale Geometrie eine Sprache als auch ein Werkzeug zur

Verfügung stellt, das nur schlecht definierte Geometrien erfasst, wobei das der fraktalen Beschreibung inhärente Potenzgesetz ihre Beschreibung deutlich kompakter macht. So wird man Fraktale dazu verwenden, das Verhalten von Steinen oder Felsen unter Schwerkrafteinfluss zu beschreiben, bei der Analyse von Mammogrammen oder der Analyse der scheinbaren Beliebigkeit transzendenter Zahlen wie π und e. (Weitere Beispiele praktischer Anwendungen finden sich unter: http://www.math.vt.edu/people/hoggard/FracGeomReport/node7.html.) Dr. Bruce Elmegreen von IBM ist zurzeit damit beschäftigt, Fraktale zur Erklärung des Verhältnisses zwischen schweren und leichten Sternen in der Galaxis heranzuziehen. Das Endziel seiner Arbeit ist, erklären zu können, wie sich aus den verdünnten kosmischen Gasen Sterne und Planetensysteme bilden konnten.

Dr. Googol befragte auch den Experten für Fraktale und ihre Anwendung, Professor Michael Frame vom Union College und der Yale Universität, zum Thema: „Welche wissenschaftlichen Teilgebiete würden wohl am meisten von der Anwendung von Fraktalen profitieren?" Er antwortete:

> Zurzeit dürfte wohl der größte Nachholbedarf auf dem Gebiet der Statistik bestehen. Die momentan gebräuchlichen statistischen Methoden machen keinen Gebrauch von der Skaleninvarianz, die Fraktale auszeichnet, aber je mehr Daten wir anhäufen, desto klarer wird, dass sehr viele der Datensätze sozusagen Langzeitabhängigkeiten und ausgedehnte Abhängigkeiten aufweisen, die auch in Skalierungsprozessen zu finden sind, und damit wird die Notwendigkeit entsprechender statistischer Verfahren und Testmethoden offensichtlich.
> Sollte erst einmal eine vernünftige fraktale Statistik entwickelt worden sein, so bin ich überzeugt, dass sie von durchgreifendem Einfluss in allen Teilgebieten sein wird. Auch die Materialwissenschaften könnten davon durchaus profitieren. So wären zum Beispiel Prozesse, die diffusionsgesteuerte Aggregationsvorgänge beinhalten, oder auch der gesamte Bereich der Turbulenzforschung durchaus denkbare Anwendungsgebiete. Wenn man genug Rechnerkapazitäten besitzt, um eine korrekte statistische Modellierung solcher Aggregationscluster oder turbulenter Strömungsformen durchführen zu können, könnten wir vielleicht in der Lage sein, zumindest ein erstes Verständnis solcher Prozesse zu erlangen.

Auf einer anderen Ebene der Erkenntnis ist die scheinbare Komplexität der uns umgebenden Welt ja zum Teil auch ein Produkt der Sprache, die wir zu ihrer Beschreibung verwenden. Eine angemessene und vielleicht auch bessere Sprache zu finden ist aber die Aufgabe der Wissenschaft, der Kunst, der Literatur und der Musik. Und in den Fällen, in denen die natürlichen Prozesse skaleninvariant zu sein scheinen, sind Fraktale ein durchaus wichtiger Teil der sie beschreibenden Sprache. So wird auch unsere Fähigkeit zur Beschreibung und zum Verständnis der Welt in dem Maße verbessert und vereinfacht werden, in dem wir unsere Fähigkeiten, Fraktale zu analysieren und zu verstehen, erweitern.

17 Mordnilap-Zahlen

Einige einfache Beobachtungen helfen bei der Vorhersage des Ergebnisses dieses Ziffernumkehr- und Additionsprozesses. Wenn d_n die n-te Stelle in einer Zahl ist und d_n^r die n-te Ziffer in der ziffernumgekehrten Zahl und p soll die Pfadlänge sein, dann gilt: $p \leq 1$, wenn für alle Ziffern in dieser Zahl gilt: $d_n \leq 4$. Andererseits ist $p > 1$, wenn eine Ziffer d_n existiert, so, dass $d_n + d_n^r \geq 10$.

18 Gefangen im Hyperraum

Tim Greer aus New York hat die Formel für diese Hyperraum-Gefängnisse für eine beliebige Anzahl an Dimensionen (m) verallgemeinert: $G(n) = ((n^m)(n + 1)^m)/(2^m)$. Aber verweilen wir noch ein Weilchen im dreidimensionalen Raum, bevor wir uns den Gefängnissen höherer Dimensionen zuwenden.

Wie groß müsste ein dreidimensionaler Zoowürfel sein, der alle auf der Erde vorhandenen Insektenarten aufnehmen könnte? (Hierzu sollten Sie wissen, dass es auf der Erde ca. 30 Millionen Insektenarten gibt, was deutlich mehr ist als die Summe aller anderen Arten aller Klassen und Familien.) Wenn Sie sich also einen Zoowürfel vorstellen, in dessen Zellen jeweils ein einziger Vertreter einer Insektenart ausgestellt ist, so würde ein Würfel mit 25 Zellen Kantenlänge ausreichen.

Um nun die annähernd 6 Milliarden Menschen ebenfalls in einem solchen Würfel unterbringen zu können, würde ein Würfel mit 60 Zellen Kantenlänge genügen (Abb. A18.1). Die 460 Millionen Menschen, die im Jahr 1500 die Erde bevölkerten, würden nur eine Kantenlänge von 40 Zellen beanspruchen.

Nun wenden wir uns dem Flohproblem zu und schauen einmal nach, wie sich der Platzbedarf mit wachsender Dimensionalität ändert. Die Formel zur Berechnung der benötigten Zellen wurde Ihnen ja oben schon angegeben und es erfordert eine Menge Fantasie, sich vorzustellen, wie ein einzelner Vertreter einer jeden Flohart in einem separaten Hyperwürfel oder Hyperquader eingesperrt ist.

Der Platzbedarf der 1830 Floharten ist in der folgenden Tabelle aufgelistet:

Dimension (m)	Kantenlänge(n)	Dimension (m)	Kantenlänge(n)
2	9	5	3
3	5	6	3
4	4	7	2

Dieses bedeutet, dass ein kleines 7-dimensionales Gitter mit den Abmessungen (2 × 2 × 2 × 2 × 2 × 2 × 2) alle 1830 Floharten aufnehmen könnte. Ein 50-dimensionaler Hyperwürfel mit der Kantenlänge 9 könnte sogar alle im Universum vorhandenen Protonen, Elektronen und Neutronen aufnehmen, wobei jedem Partikel eine eigene Einheit zugewiesen werden könnte. Die Abbildung A18.2 zeigt die Anzahl an Flöhen, die von einem 2-, 3- oder 4-dimensionalen Würfel mit der Kantenlänge n beherbergt werden kann. Zum Beispiel würden in einem zweidimensionalen Gitter mit der Kantenlänge 30 ungefähr 2×10^5 Flöhe Platz finden.

Akhlesh Lakhtakia hat darauf hingewiesen, dass die Gitterzahlen G(n) über die Beziehung $(T_n)^m$ berechnet werden kön-

Abb. A18.1 Grundriss des Zoowürfels, der alle 6 Milliarden Menschen aufnehmen könnte. Er besitzt eine Kantenlänge von 60 Zellen. Um die Weltbevölkerung des Jahres 1500 aufzunehmen, wäre ein Würfel mit der Kantenlänge von 40 Zellen notwendig.

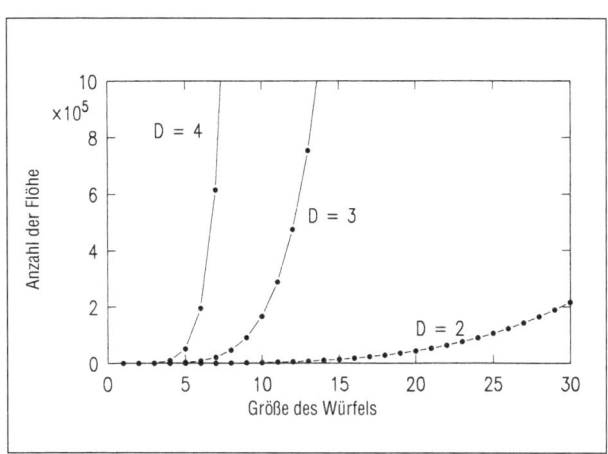

Abb. A18.2 Anzahl der Flöhe, die ein Würfel in Abhängigkeit von seiner Kantenlänge und seiner Dimensionalität D aufnehmen kann. Gezeigt sind hier Werte für D = 2, 3 und 4.

nen. Warum in aller Welt sollten Dreieckszahlen mit diesen Gitterzahlen in Beziehung stehen? (Die Zahlen 1, 3, 6, 10, ... werden Dreieckszahlen genannt, weil sie die Anzahl an Punkten angeben, die benötigt wird, um sie dreiecksförmig in der Ebene anzuordnen. Der Prozess beginnt mit einem Punkt, in der darunter folgenden Reihe sind weitere Punkte so anzuordnen, dass sich wieder ein Dreieck ergibt. Die zweite Reihe muss 2 Punkte enthalten, die dritte 3 und jede weitere Reihe genau einen Punkt mehr als die vorangehende.)

19 Dreieckszahlen

Die Dreieckszahlen, die durch $T = n \times (n + 1)/2$ berechnet werden können, faszinieren die Mathematiker schon sehr lange. Eine Vielzahl von sehr schönen, ja mystischen Beziehungen wurde in diesem Zusammenhang entdeckt. Hier sind einige davon:

- Eine Zahl N ist nur dann eine Dreieckszahl, wenn sie die Summe der ersten M ganzen Zahlen ihrer entsprechenden Zeilennummer M ist, zum Beispiel $6 = 1 + 2 + 3$.
- $T_{n+1}^2 - T_n^2 = (n + 1)^3$, woraus folgt, dass die Summe der ersten n Kubikzahlen gleich dem Quadrat der n-ten Dreieckszahl ist. So ist zum Beispiel die Summe der ersten 4 Kubikzahlen identisch mit dem Quadrat der vierten Dreieckszahl: $1 + 8 + 27 + 64 = 100 = 10^2$.
- Die Addition von Dreieckszahlen erzeugt einige verwirrende Regelmäßigkeiten wie: $T_1 + T_2 + T_3 = T_4$; $T_5 + T_6 + T_7 + T_8 = T_9 + T_{10}$; $T_{11} + T_{12} + T_{13} + T_{14} + T_{15} = T_{16} + T_{17} + T_{18}$.
- 15 und 21 sind das kleinste Dreieckszahlenpaar, bei dem sowohl die Summe als auch die Differenz wieder Dreieckszahlen sind. Das nächste Paar ist 780 und 990, auf welches dann 1 747 515 und 2 185 095 folgt.

Dreieckszahlen

- Jede ganze Zahl ist als Summe maximal dreier Dreieckszahlen formulierbar. Der große Mathematiker und Naturphilosoph Carl Friedrich Gauß (1777–1855) führte fast sein ganzes Leben lang Tagebuch. Sein vielleicht berühmtester Eintrag, datiert mit dem 10. Juli 1796, ist die kleine Zeile EYPHKA = $\Delta + \Delta + \Delta$, dies ist seine Entdeckung, dass jede ganze Zahl durch die Summe dreier Dreieckszahlen darstellbar ist.

Und hier noch ein paar Fragen: Wenn Sie die Dreieckszahl 6 quadrieren, erhalten Sie 36, die wiederum eine Dreieckszahl ist. Gibt es noch weitere Zahlen mit Ausnahme der 1, die diese Eigenschaft aufweisen? Es stellt sich heraus, dass die nächsten quadratischen Dreieckszahlen 1225, die 41 616 und die 1 423 721 sind. Können Sie noch größere finden?

Natürlich können Sie auch einen kleinen Trick anwenden, um diese Zahlen zu finden. $8T_n + 1$ ist immer eine Quadratzahl. Wenn die Dreieckszahl selbst eine Quadratzahl ist, kann die Gleichung $8x + 1 = y^2$ angewendet werden. Die generelle Beziehung zur Ermittlung von quadratischen Dreieckszahlen lautet: $[(17 + 12\sqrt{2})^n + (17 - 12\sqrt{2})^n - 2]/32$.

Natürlich gibt es auch noch eine andere Methode, die Zahlen herauszufinden, die gleichzeitig Quadrat- und Dreieckszahlen sind. Man muss nur die Lösung der Gleichung $m^2 = n(n+1)/2$ finden. Die Lösung dieser Gleichung lautet dann: $n = (-1 + \sqrt{1 + 8m^2})/2$. Klar ist, dass ganzzahlige Lösungen dieser Gleichung nur dann vorliegen können, wenn die Beziehung unter der Wurzel eine Quadratzahl ist. Es muss demzufolge eine ganze Zahl q existieren, für die gilt $q^2 - 8m^2 = 1$. Gleichungen dieser Form werden Pell-Gleichungen genannt, und es existiert eine unendliche Anzahl an Zahlenpaaren (q,m), die diese Gleichung erfüllen. Wenn man sich auf einen Wust an Rechenaufwand einlässt, kommt man auf die folgende Beziehung: $4n(2j - 1) = (2 + 2\sqrt{2})^{(2j-1)} + (2 - 2\sqrt{2})^{(2j-1)} - 2$. Für jede positive ganze Zahl j ist das Ergebnis eine Quadratzahl.

Kann eine Dreieckszahl (mit Ausnahme der 1) auch eine kubische Zahl sein oder Potenzen vierter und fünfter Ordnung widerspiegeln?

Der Mathematiker Charles Trigg hat herausgefunden, dass T_{1111} und $T_{111\,111}$ die Werte 617 716 bzw. 6172 882 716 besitzen. Beachten Sie auch, dass sowohl die beiden Dreieckszahlen als auch ihre Indizes Palindrome sind, die vorwärts und rückwärts gelesen identisch sind. Glauben Sie, Sie finden noch größere Dreieckspalindrome? Und warum taucht in beiden die Ziffernfolge 617 auf?

Es ist klar, dass wir heute beliebig große Dreieckszahlen unter Zuhilfenahme von Computern berechnen können. Wie groß mag aber die größte Dreieckszahl gewesen sein, die Pythagoras hätte berechnen können? Und – wäre er überhaupt daran interessiert gewesen, solch große Zahlen zu berechnen?

Wenn man sich entschließen würde, ein Jahr Rechenzeit auf einem Computer zu investieren, wie groß mag die in diesem Zeitraum berechenbare Dreieckszahl wohl sein? Es hat sich herausgestellt, dass diese Frage sinnlos ist, da man beliebig große Dreieckszahlen erzeugen kann, indem man eine gleiche Anzahl an Nullen hinter eine jede Fünf der Zahl 55 anhängt, wie zum Beispiel in 5050, 500 500 und 5 000 5000. Dies sind alles Dreieckszahlen! Deshalb ist auch

50000000000000000000000000000000005000000000000000000000000000000000

eine Dreieckszahl.

Dieses Muster können Sie beliebig lange fortführen. Dr. Googol fragt sich, ob Pythagoras oder einer seiner Zeitgenossen wohl auf ein ähnlich einfaches Muster gestoßen ist.

20 Eine Zahl für die X-Akten

Die Formel zur Berechnung des Endes der Welt wurde tatsächlich veröffentlicht unter: Starke, R. (1947): Professor Umbigo's prediction. *American Mathematics Monthly*. Januar, 54: 43–44. Dr. Googol ist der Ansicht, dass alle W-Zahlen, selbst diejenigen, die für n > 1945 berechnet werden können, durch 1946 teilbar sind. Ein ausführlicher mathematischer Beweis findet sich im *American Mathematics Monthly*. Der Beweis beruht auf der Tatsache, dass x-y immer ein Teiler von $x^n - y^n$ für alle n = 0,1,2,... ist.

21 Eine Heuschreckenplage

Die Heuschreckensequenz x + 2x + 2, x + 5x + 5 erzeugt nach drei Generationen sich wiederholende Zahlenmuster, die Sequenz x + 2x + 2, x + x + 1 etabliert Wiederholungen nach 4 Generationen. Auf der anderen Seite war Dr. Googol bis jetzt nicht in der Lage, Wiederholungen in der Sequenz x + 2x + 2, x + 6x + 6 festzustellen, noch in den Sequenzen x + 2x + 2, x + 4x + 4 und x + 2x + 2, x + 7x + 7.

Ein Kollege aus England, Michael Clarke, hat sogar eine kleine Studie zu diesen Sequenzen, die die generelle Form

$$X = C_1 X + C_1 \text{ und } X = C_2 X + C_2$$

besitzen, durchgeführt und herausgefunden, dass bestimmte Werte C_1 und C_2 nach einer bestimmten Anzahl von Generationen sich wiederholende Zahlenmuster entstehen lassen.

C1: 1 2 3 4 5 6 7 C2: 1 G2 G4 G5 G6 G7 G8 G9 2 G4 G2 G5 ☠
G3 ☠ ☠ 3 G5 G5 G2 G7 ☠ ☠ ☠ 4 G6 ☠ G7 G2 ☠ ☠ 5
G7 G3 ☠ ☠ G2 ☠ ☠ 6 G8 ☠ ☠ ☠ ☠ G2 ☠ 7 G9 ☠ ☠ ☠
☠ ☠ G2

C_2:	C_1:	1	2	3	4	5	6	7
	1	G2	G4	G5	G6	G7	G8	G9
	2	G4	G2	G5	☠	G3	☠	☠
	3	G5	G5	G2	G7	☠	☠	☠
	4	G6	☠	G7	G2	☠	☠	☠
	5	G7	G3	☠	☠	G2	☠	☠
	6	G8	☠	☠	☠	☠	G2	☠
	7	G9	☠	☠	☠	☠	☠	G2

Die Einträge mit den ☠ zeigen an, dass bis zur zehnten Generation keine Wiederholungen zu finden waren, wenn mit einem Startwert von 1 begonnen wurde. Nur Gott weiß, ob es dort jemals zu Wiederholungen kommen wird. G_n indiziert, dass Wiederholungen tatsächlich in der n-ten Generation auftreten. Um auch sicherzustellen, dass eine Wiederholung tatsächlich stattgefunden hat, müssen die beiden Zahlenpaare $c_1^i \, c_2^{(g-1)} = c_1^j \, c_2^{(g-j)}$ die Bedingung erfüllen, wobei g die Generationennummer ist und i und j Zahlen, die von 0 bis g laufen.

Glauben Sie, Sie könnten einige der ☠-Einträge „beleben"? Seitdem er sich mit diesem Problem etwas näher beschäftigt hatte, ist Dr. Googol noch auf Forschungsarbeiten eines gewissen Richard Guy zu einem Problem mit ähnlichen Sequenzen gestoßen. Schauen Sie sich einfach mal die Literaturhinweise zu diesem Kapitel an.

22 In Herrn Fibonaccis Nachbarschaft

Die selbsterschaffenden Fibonacci-Zahlen werden manchmal auch nach ihrem Erfinder Michael Keith als Keith-Zahlen bezeichnet (siehe hierzu zum Beispiel *Journal of Recreational Ma-*

thematics Bd. 26, Nr. 3). Auch Dr. Googol sagen diese Zahlen aus mehreren Gründen sehr zu. Zum einen sind sie außerordentlich schwer zu finden, und dies auch nur mit langen Computerberechnungen. Und selbst wenn einige der Suchtechniken eine Beschleunigung der Berechnung dieser Zahlen erlauben, gibt es dennoch keinen Algorithmus, der es erlaubte, die Keith-Zahlen „schnell" zu ermitteln. In ihrer irregulären Verteilung innerhalb der ganzen Zahlen erinnern sie ein wenig an die Primzahlen, sie sind aber wesentlich seltener – es existieren insgesamt nur 52 Keith-Zahlen, die weniger als 15 Stellen lang sind. Und hier sind sie:

14	19	28	47	61
75	197	742	1104	1537
2208	2580	3684	4788	7385
7647	7909	31331	34285	34348
55604	62662	86935	93993	120284
129106	147640	156146	174680	183186
298320	355419	694280	925993	1084051
7913837	11436171	33445755	44121607	129572008
251133297		24769286411	96189170155	171570159070
202366307758		239143607789	296658839738	
1934197506555		8756963649152	43520999798747	
74596893730427		97295849958669		

Zusätzlich zu diesen sind mindestens 3 15-stellige Keith-Zahlen bekannt. Die Frage ist nun, ob es sich hier um eine unendliche oder endliche Menge handelt.

Michael Keith hat aber auch noch andere Herausforderungen parat. So kann man zum Beispiel eine Gruppe von 2 oder mehr Keith-Zahlen, die alle die gleiche Ziffernzahl haben sollen, zu einer Menge zusammenfassen, welche die folgenden Eigenschaften aufweist: Alle Zahlen dieser Menge sind ganzzahlige Vielfache der kleinsten Keith-Zahl dieser Menge. Bisher sind nur drei solcher Gruppen bekannt: (14, 28), (1104, 2208) und (31331, 62662, 93993). Ist die Anzahl der Keith-Gruppen nun endlich oder unendlich? Michael Keith vermutet, dass die Anzahl der Keith-Zahlen selbst unendlich ist, während die Keith-Gruppen eine endliche Menge bilden. Ein Beweis für die beiden Vermutungen konnte bis heute aber noch nicht erbracht werden. Da wir aber annehmen, dass die Anzahl der Keith-Zahlen unendlich ist, ist die Suche nach der nächstgrößeren jedes Mal wieder eine riesige Herausforderung.

Sollten Sie ein fanatischer Mathematiker sein, so schnell noch ein paar Anmerkungen zu dieser Reihe. Die repfigit-Sequenz kann wie folgt formuliert werden: Es sei N eine positive ganze Zahl mit n Ziffern $d_1, d_2, d_3 \ldots d_n$. Nun sei a_k eine Zahlenfolge dergestalt, dass $a_k = d_k$ (k=1, 2, 3...n) und $a_k = \sum_{i=1}^{n} a_{k-i}$ für (k > n) ist. Wenn a_k = N für ein beliebiges k ist, soll N als selbsterschaffende Fibonacci-Zahl oder Keith-Zahl bezeichnet werden.

Eine Möglichkeit, die Berechnung der repfigit-Reihe zu beschleunigen, liegt in der Verwendung der Formel $a_{k+1} = 2a_k - a_{k-n}$. Der Gebrauch dieser Formel kann zu einer Erhöhung der Rechengeschwindigkeit um $\delta = (T_{1shift} + T_{1add})/[(n-1) \times T_{1add}]$ führen, wobei T die Zeit ist, die ein Computer für eine bestimmte Operation benötigt. (Eine Multiplikation mit 2 kann in der Programmiersprache C durch eine shift-Operation durchgeführt werden.) Dies führt dann zu einer möglichen Verkürzung der Rechenzeit um $\delta \sim 2 /(n-1)$.

Die Tabelle A22.1 zeigt die Sequenz, die sich für 251133297 ergibt.

Nachdem Dr. Googol den Weltrekord gebrochen hatte und alle repfigits bis hin zu einer Milliarde berechnet hatte, brach ein wahrer Sturm bei den computergestützten Berechnungen dieser Reihe aus (hierzu mehr in der Literatur zu diesem Kapitel). Und dennoch sind noch lange nicht alle Rätsel gelöst und nicht alle Fragen beantwortet, die diese seltsamen Zahlen umgeben, und viele Studenten, Wissenschaftler und Vereinigungen sind immer noch dabei, neue Weltrekorde aufzustellen.

2, 5, 1, 1, 3, 3, 2, 9, 7, 33, 64, 123, 245, 489, 975, 1947, 3892, 7775, 15543, 31053, 62042, 123961, 247677, 494865, 988755, 1975563, 3947234, 7886693, 15757843, 31484633, 62907224, 125690487, 251133297

Tab. A22.1 Die Keith-Reihe für die repfigit 251133297.

1999 entdeckten einige Wissenschaftler eine neue Konstante, die sich auf die Fibonacci-Zahlen stützt. Der junge Informatiker Divakar Viswanath vom Mathematical Research Insitute in Berkeley, Kalifornien, brachte die altehrwürdigen Fibonacci-Zahlen wieder ins Gespräch, indem er einen seltsamen Zusammenhang zwischen der Anzahl von Hasen und der Zahl 1.13198824... feststellte. Um zu dieser Konstanten zu gelangen, müssen Sie wie folgt vorgehen. Jedes Mal, wenn Sie eine neue Generation berechnen wollen, müssen Sie eine Münze werfen; kommt Kopf, so verfahren Sie wie bisher und addieren die beiden Vorgängerzahlen, bei Zahl jedoch subtrahieren Sie sie. Es entsteht also eine „zufällige" Fibonacci-Reihe. Viswanath, der inzwischen seine Promotion abgeschlossen hat, konnte zeigen, dass sich der Absolutbetrag der N-ten Fibonacci-Zahl einer Zufalls-Fibonacci-Reihe der N-ten Potenz der Zahl 1.13198824... annähert. Mit anderen Worten, wenn Sie ein Spieler wären, müssten Sie immer darauf setzen, dass mit wachsenden N's der Absolutwert der N-ten Zahl mit der N-ten Potenz von 1.13198824... übereinstimmt. Es ist nicht klar, warum das so ist, und die Mathematiker sind sehr gespannt, ob sich eine Beziehung zwischen dieser Zahl und anderen mathematischen Konstanten, wie etwa dem Goldenen Schnitt, herstellen lässt. Einige Anwendungen dieser Reihen werden von Ivar Peterson in den *Science News* 155 (24):376–377, 1999 vorgestellt. Diese Entdeckung legt die Vermutung nahe, dass sie einen weiten Raum für mathematische Forschungen und Experimente öffnet, und das bei einem Problem, das vor Jahrhunderten als ein einfaches Modell zur Berechnung der Population von Hasen entwickelt wurde. Auch ist es ein Beispiel dafür, wie zufällig scheinende Prozesse zu streng deterministischen Ergebnissen führen können, wenn nur die Zahlen groß genug werden.

23   73 939 133

Diese Zahl ist insofern erstaunlich, als sie die größte bisher bekannte Zahl ist, deren Ziffernfolge immer eine Primzahl ergibt, wenn sie von rechts jeweils um 1 reduziert wird!

73939133
7393913
739391
73939
7393
739
73
7

Dr. Googol ist sich keiner größeren Zahl bewusst, die diese Eigenschaft aufweist. Im 17. Jahrhundert konnten Mathematiker nachweisen, dass die folgenden Zahlen auch alle Primzahlen sind:

3
31
331
3331
33331
333331
3333331
33333331

Zu dieser Zeit waren einige Mathematiker versucht, zu behaupten, dass alle Zahlen, die diese Reihe fortsetzten, Primzahlen seien; nur stellte sich dann heraus, dass die nächste Zahl 333 333 331 leider keine Primzahl ist. 333 333 331 ist nämlich das Produkt aus 17 × 10 607 853. Dies soll hier als Warnung stehen vor der Annahme, dass, wenn ein mathematisches Muster bestimmte Regelmäßigkeiten aufzuweisen scheint, diese sich auch unendlich lange fortsetzen. (Wenn wir nun n als die Anzahl der Dreien in dieser Ziffernfolge annehmen, dann sind nur die Zahlen für die folgenden n Primzahlen: n = 2, 3, 4, 5, 6, 7, 18, 40, 50, 60, 78, 101, 151, 319, 382.)

24 Die ♆-Zahlen von Los Alamos

Hier sind einige ♆-Zahlen, die Dr. Googol für die Startzahlen 1 und 9 berechnen konnte:

1 9 10 11 12 13 14 15 16 17 18 20 36 38 39 40 41 42 43 44 46 66 67 68 69 70 71 72 73 92 101 121 122 123 124 125 126 127 146 155 174 182 201 211 229 230 237 256 284 285 286 287 288 289 290 291 311 348 365 368 369 370 ...

Und hier die, die sich aus den Anfangswerten 1 und 3 ergeben:

1 3 4 5 6 8 10 12 17 21 23 28 32 34 39 43 48 52 54 59 63 68 72 74 79 83 98 99 101 110 114 121 125 132 136 139 143 145 152 161 165 172 176 187 192 196 201 205 212 216 223 227 232 234 236 243 247 252 256 258 274 278 ...

Interessant ist, dass die ♆-Zahlen viele aufeinander folgende Zahlen aufweisen, die sich um 2 unterscheiden.

Die folgende, sehr lange ♆-Sequenz für das Startzahlenpaar 100 und 101 wurde von Dr. Googol mit einem Programm berechnet, das Michael Clarke ihm zur Verfügung stellte:

100 101 201 301 302 401 403 501 504 601 603 605 701 706 801 803 805 807 901 908 1001 1003 1005 1007 1009 1101 1110 1201 1203 1205 1207 1209 1211 1301 1312 1401 1403 1405 1407 1409 1411 1413 1501 1514 1601 1603 1605 1607

1609 1611 1613 1615 1701 1716 1801 1803 1805 1807 1809
1811 1813 1815 1817 1901 1918 2001 2003 2005 2007 2009
2011 2013 2015 2017 2019 2101 2120 2201 2203 2205 2207
2209 2211 2213 2215 2217 2219 2221 2301 2322 2401 2403
2405 2407 2409 2411 2413 2415 2417 2419 2421 2423 2501
2524 2601 2603 2605 2607 2609 2611 2613 2615 2617 2619
2621 2623 2625 2701 2726 2801 2803 2805 2807 2809 2811
2813 2815 2817 2819 2821 2823 2825 2827 2901 2928 3001
3003 3005 3007 3009 3011 3013 3015 3017 3019 3021 3023
3025 3027 3029 3101 3130 3201 3203 3205 3207 3209 3211
3213 3215 3217 3219 3221 3223 3225 3227 3229 3231 3301
3332 3401 3403 3405 3407 3409 3411 3413 3415 3417 3419
3421 3423 3425 3427 3429 3431 3433 3501 3534 3601 3603
3605 3607 3609 3611 3613 3615 3617 3619 3621 3623 3625 ...

Der Luft- und Raumfahrtingenieur L. Kerry Mitchell, der beim NASA Langley Research Center in Hampton, Virginia, USA, angestellt ist, schlug Dr. Googol eine modifizierte Zahlenreihe vor, die er als ⊗-Zahlen bezeichnete. In diesem Fall wird in der Berechnungsvorschrift die Addition durch eine Multiplikation ersetzt, wobei nun zwei Startwerte vorliegen müssen, die größer als 1 sind. Hier sind die ersten 20 Werte einer solchen ⊗-Reihe mit den Startwerten 2 und 3:

2 3 6 12 18 24 48 54 96 162 192 216 384 486 768 864 1458 1536 1944 3072 ...

Die 24 taucht auf, weil sie sich als Produkt aus 12 und 2 ergibt. Die 36 hingegen ist nicht Element dieser Reihe, da sie sowohl das Produkt aus 3×12 als auch aus 2×18 ist. Interessant ist auch, dass alle Elemente der $⊗_{2,3}$-Reihe mit Ausnahme der 3 gerade Zahlen sind. Warum wohl? Ob wohl alle ⊗-Zahlen gerade sind?

Um sich eine Vorstellung von der Verteilung der Lücken zwischen den einzelnen Zahlen machen zu können, berechneten Dr. Googol und Ken Shirriff die Längen der ersten 100 000 Lücken zwischen den ersten 100 001 ⊎-Zahlen. Die Abbildung A24.1 zeigt die Häufigkeitsverteilung der Lücken mit Längen zwischen 1 und 200.

In der unendlichen $⊎_{1,2}$–Reihe können die Lückengrößen in drei Kategorien aufgeteilt werden. Solche, die nie auftauchen, solche, die endlich oft auszumachen sind und solche, die sich unendlich oft finden lassen. Dr. Googol war bis jetzt nicht in der Lage, bestimmte Lückenlängen zu entdecken, wie zum Beispiel 6, 11, 14, 16, 18, 21, 26, 28 und 33. Andere Lückenlängen wie 1, 4, 9 und 13 tauchten nur sporadisch auf, nämlich viermal, dreimal, zweimal und einmal. Einige Lückenlängen tauchen sehr häufig auf. So besitzen zum Beispiel 37 % aller Lücken die Länge 2 und 14 % die Länge 3. Natürlich verraten uns diese Dinge nichts über das Verhalten der $⊎_{1,2}$–Reihe nach den ersten 100 001 Elementen. Erstaunlicherweise beträgt die Differenz zwischen den nicht vorhandenen Lückenlängen 1, 2, 3 oder 5, die alle Fibonacci-Zahlen sind. Ob dies wohl immer der Fall ist? Vielleicht finden Sie ja noch weitere Lückenlängen, die nicht innerhalb der ersten 100 000 $⊎_{1,2}$-Zahlen auftauchen, es wäre schön, dann von Ihnen zu hören.

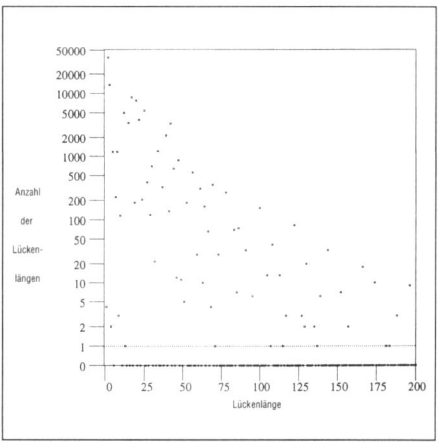

Abb. A24.1 Häufigkeitsverteilung der ersten 100 000 Lückenlängen zwischen aufeinander folgenden 1,2-Zahlen. Die Anzahl des Auftauchens einer jeden Lückenlänge ist hier auf der y-Achse logarithmisch dargestellt als Funktion der Lückenlänge auf der x-Achse, wobei die Skala der y-Achse von 1 zu 50 000 reicht. Allen Lückenlängen, die nicht innerhalb der ersten 100 000 Elemente auftauchen, wird der Wert 0 zugewiesen (in Zusammenarbeit mit Ken Shirriff erstellt).

25 Erzeugende Zahlen $\mathfrak{H}$

Dr. Googol und Ken Shirriff arbeiteten sehr hart an der Analyse dieses Problems. Ken schrieb ein Computerprogramm in C, das nicht nur die kleinstmögliche Lösung erzeugt, sondern zudem noch die Anzahl der Möglichkeiten, diese kleinstmögliche Lösung zu finden, ermittelt. Wenn man zum Beispiel keine mehrstelligen Zahlen erlaubt, so existieren 208 verschiedene Möglichkeiten, die Zahl 20 gemäß den Vorgaben zu schreiben, für die Zahl 21 sogar 1128! Aber noch erstaunlicher ist die Tatsache, dass die Vielzahl dieser Möglichkeiten, die Minimallösung zu realisieren, sich auf 2 bzw. 1 Möglichkeit reduziert, wenn mehrstellige Zahlen zugelassen werden. (Es gibt halt nur eine einzige Minimallösung, 21 aus ausschließlich Zweien und Einsen zu konstruieren, wenn mehrstellige Zahlen erlaubt sind, und das ist die 21 selbst.)

Das Programm findet die Lösung auf der Basis dynamischer Programmierelemente. Es beginnt mit der einstelligen Basis und kombiniert die Ziffern so, dass die zweistelligen Zahlen erzeugt werden, die unter Verwendung der minimalen Anzahl an Ziffern maximal werden. Die ein- und zweistelligen Ergebnisse werden dann so miteinander kombiniert, dass die dreistelligen Zahlen in kürzestmöglicher Schreibweise daraus resultieren. Dieses Vorgehen wird so lange wiederholt, bis alle gewünschten Zahlen gefunden wurden. Um den Rechenbedarf nicht über alle Maßen ansteigen zu lassen, lässt Ken einfach alle Ergebnisse weg, die größer als 10 000 sind. Außerdem schränkt er seine Suche auf ganze Zahlen ein, indem er nur natürliche Zahlen als Exponenten zulässt. Während die erste Einschränkung wohl keinen Einfluss auf das Ergebnis haben dürfte, zeigt sich, dass durchaus noch kürzere Lösungsvarianten existieren, wenn negative Exponenten zugelassen werden.

Die Abbildungen A25.1 und A25.2 zeigen die berechneten Werte von $\mathfrak{H}$ (n) gegen n. Man sieht die Ergebnisse für den gleichen Zahlenbereich einmal bei Verwendung ausschließlich einstelliger Ziffernkombinationen und zum anderen bei Verwendung von mehrstelligen Ziffernkombinationen. Interessanterweise konnten im Bereich zwischen 1 und 1500 alle Zahlen mit weniger als 12 Ziffern dargestellt werden, der Durchschnitt liegt in diesem Bereich bei 7 Ziffern.

Des Weiteren existieren in diesem Zusammenhang noch so genannte harte Zahlen $\mathcal{S}_h(n)$, die als die kleinsten Zahlen definiert sind, die sich mit $\mathcal{S}(n)$ Ziffern darstellen lassen. So ist zum Beispiel 921 die kleinste Zahl, die sich mit 11 Ziffern darstellen lässt. Als er die Zahlen von 1 bis 1 Million durch sein Programm schickte, fand Ken Shirriff die in der Tabelle A25.1 aufgelisteten harten Zahlen. Trägt man n gegen $\mathcal{S}_h(n)$ auf, so stellt man ein nahezu exponentielles Wachstum fest. Bemerkenswert ist auch, dass fast alle diese harten Zahlen die Ziffer 1 enthalten.

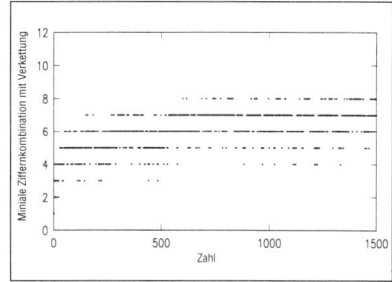

Abb. A25.1 Minimale Ziffernkombinationen zur Darstellung der entsprechenden ganzen Zahlen unter Verwendung mehrstelliger Ziffernkombinationen wie zum Beispiel 120 oder 121. Die Werte von $\mathcal{S}$ (n) werden hier für die ersten 1500 Zahlen dargestellt.

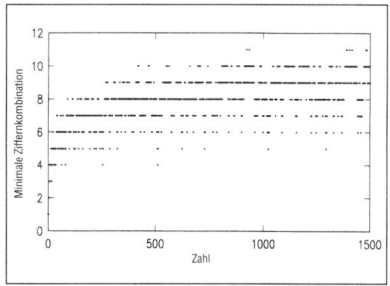

Abb. A25.2 Minimale Ziffernkombinationen zur Darstellung der entsprechenden ganzen Zahlen unter Ausschluss mehrstelliger Ziffernkombinationen. Nur einstellige Ziffern dürfen zur Erzeugung der entsprechenden Zahlen verwendet werden.

Nur einstellige Kombinationen		Mehrstellige Kombinationen	
Ziffern	$\mathcal{H}_h(n)$	Ziffern	$\mathcal{H}_h(n)$
2	3	2	3
3	2	3	5
4	7	4	7
5	13	5	29
6	21	6	51
7	41	7	151
8	91	8	601
9	269	9	1631
10	419	10	7159
11	921	11	19145
12	2983	12	71515
13	8519	13	378701
14	18859		
15	53611		
16	136631		
17	436341		

Tab. A25.1 Harte selbsterschaffende Zahlen

Ungewöhnliche Lösungen: Der Sieger des Wettbewerbs, Dan Hoey, schrieb ein LISP-Programm, um seine manuellen Ergebnisse zu validieren, und ebenso wie Shirriff verschwendete auch er keinen Gedanken an negative Exponenten. Nachdem er aber später auch negative Exponenten mit in Betracht ziehen konnte, entdeckte er, dass diese noch kürzere Schreibweisen erlaubten. So bemerkte Hoey, dass bei Vernachlässigung negativer Exponenten das kleinste $\mathcal{H}(640) = 8$ ist, werden negative Exponenten aber zugelassen, ergibt sich ein $\mathcal{H}(640)$ von 7. Die Lösung lautet dann:

$$640 = \left[2^{\left((2+1)^2\right)} \times (1 + 2 - 2)\right]$$

Trotzdem ist er davon überzeugt, dass weder 20 noch 120 und 567 von der Einbeziehung negativer Exponenten profitieren würden. Auch fand er eine recht interessante Lösung für 567:

$$567 = \left[2^{2^2} + 2\right]^2 \times \left[2 - 2^{-2}\right]$$

Sollte sich in Zukunft das Augenmerk vielleicht auf irrationale Zahlen richten? Hoey meint dazu: „In dem Sinn, in dem negative Exponenten Brüche einführen, würden rationale Exponenten irrationale Zahlen nach sich ziehen und irrationale Exponenten sofort zu transzendenten Zahlen führen. Man könnte auch zu komplexen Zahlen übergehen, aber ich glaube nicht, dass dies ein wesentlicher Gewinn wäre, wobei die Probleme durch die notwendige Aufspaltung in Real- und Imaginärteil nur noch größer würden." Eine andere Frage ist natürlich, inwiefern überhaupt natürliche Zahlen existieren, die davon profitierten, dass irrationale Zahlen erlaubt und auch benutzt werden könnten oder auch nur rationale gebrochene Zahlen. Dr. Googol meint, dass dies ein fruchtbares Feld für zukünftige Forschungsarbeiten sein könnte.

Und zum Abschluss möchte Dr. Googol noch einmal darauf hinweisen, dass er sich nicht sicher ist, dass die hier aufgeführten $\mathfrak{N}$ (n) auch wirklich die kleinsten möglichen Zifferkombinationen sind. In den meisten Fällen wurden sie durch reine Computerberechnungen ohne eine zugrunde liegende mathematische Theorie gefunden. Vielleicht finden Sie in einigen Fällen noch kürzere Kombinationen. Ein Großteil der Beteiligung an den Diskussionen über Dr. Googols großen Wettbewerb zur Ermittlung erzeugender Zahlen fand in der Diskussionsgruppe Mathematik sci.math des Usenet statt, wo dieser Wettbewerb auch ausgeschrieben wurde.

26 Parasiten-Zahlen

Nachdem Dr. Googol seine vierstelligen Parasiten-Zahlen einigen Kollegen vorgeführt hatte, entwickelte Keith Ramsay von der Universität von British Columbia eine nette kleine

Formel zur Erzeugung solcher parasitären Zahlen. Und dabei stellte sich heraus, dass Dr. Googols eher rustikale Art, solche Zahlen computergestützt zu ermitteln, viel zu viel Rechenzeit beansprucht hätte, als dass er noch größere Parasiten-Zahlen hätte finden können. Angenommen, wir beginnen mit einem Faktor d und wollen nun die zu d gehörende Parasiten-Zahl finden. Alles, was wir tun müssen, ist, die Formel $d/(10d - 1)$ anzuwenden und dann das Segment der Ziffernfolge dieser Zahl bis zu dieser Ziffer zu verwenden, an der das Muster sich zu wiederholen beginnt. (Jeder rationale Bruch ist entweder „endlich" wie $1/8 = 0{,}125$ oder wiederholt bestimmte Zahlenfolgen unendlich oft wie $1/3 = 0{,}33333...$ oder $1/7 = 0{,}142857\ 142857\ ...$, wenn er in Dezimalschreibweise dargestellt wird.) Aber lassen Sie uns ein konkretes Beispiel untersuchen. Einmal angenommen, Sie wollten eine große parasitäre Zahl für den Faktor 2 bestimmen. Teilen Sie 2 durch $(2 \times 10 - 1) = 19$ und Sie erhalten: $2/19 = 0{,}105263157894736842$. Der „105263157894736842"-Anteil wiederholt sich unendlich oft und ist ein 2er-Parasit, da $2 \times 105263157894736842 = 210526315789473684$ ist. (Nebenbei bemerkt, diese Zahl ist größer als die Anzahl der Sterne in unserer Galaxis.) Und hier ist ein 6er-Parasit schier unglaublicher Größe:

$6/59 = 0{,}10169491525423728813559322033898305084745762711864406 77966$ ...
$10169491525423728813559322033898305084745762711864406 77966 \times 6 = $
$61016949152542372881355932203389830508474576271186440 67796$

Sehen Sie, wie die 6 nach der Multiplikation vom rechten Rand zum Zahlenanfang gewandert ist und die Zahlenfolge ansonsten unverändert geblieben ist? Mit Hilfe der Formel von Ramsey können Sie viele hundertstellige Parasiten-Zahlen erzeugen, und Ihre Freunde und Bekannten damit nerven.

Mike Dederian vom Harvey Mudd College in Kalifornien entdeckte einen etwas ungewöhnlichen 5er-Parasiten

102040816326530612244897959183655

bei dem die ersten Ziffern einer Art Ziffernverdopplung zu folgen scheinen 1 (02) (04) .... Warum dies so ist, kann nicht erklärt werden.

Nachdem er mit Dr. Googols Parasiten-Zahlen bekannt gemacht worden war, schickte Joseph S. Madachy vom *Journal of Recreational Mathematics* einen Artikel, den er im Jahre 1968 verfasst hatte und der im *Fibonacci Quarterly* (6(6):385–389) erschienen war. In diesem Artikel wurden Berechnungsformeln zur „direkten Division", die in gewisser Hinsicht an das, was Dr. Googol als umgekehrte Pseudoparasiten bezeichnen würde, erinnern. Wenn Sie zum Beispiel 717 948 durch 4 dividieren, wandert die 7 am linken Rand einfach nur ans Zahlenende und liefert das Ergebnis 179487. Ein anderes Beispiel ist

$$9130434782608695652173$$

was durch 7 dividiert, die am Zahlenanfang stehende 9 ebenfalls nur ans Ende verschiebt, um dann

$$1304347826086956521739$$

zu liefern.

Zum Schluss ein paar weitere unangenehme Fragen:

- Was ist das Besondere an dem Bruch 137174210/1111111111? Berechnen Sie die Zahl doch einmal und schauen Sie genau auf ihre Dezimalschreibweise. Sie werden sich daran erfreuen können.
- Versuchen Sie, eine Liste aller Pseudoparasiten kleiner als eine Million zu erstellen.
- Existieren so genannte „Ultraparasiten", die nach einer Multiplikation die Ziffern an beiden Enden vertauschen?

27 Außerirdische Zuchtversuche

Wenn Sie die Computerprogramme unter www.oup-usa.org/sc/ 0195133420 anwenden wollen, um die Geschlechterverteilung über einen ziemlich langen Zeitraum zu bestimmen, ist es wichtig, $\sqrt{5}$ sehr genau bestimmen zu können, was wiederum von der von Ihnen verwendeten Programmierumgebung abhängt. (Solange Sie aber nur die Geschlechterverteilung innerhalb der ersten paar tausend Entführten berechnen wollen, spielt die Umgebung noch keine entscheidende Rolle.) So berechneten zum Beispiel viele Leute mit Hilfe der Mulcrone-Formel, dass die milliardste entführte Person eine Frau sein müsse. Dies ist darauf zurückzuführen, dass das von Ihnen verwendete BASICA diesen Wert zu 2.2360680103 berechnet, während der exakte Wert bei 2.236067977... liegt.

Des Weiteren ist auffällig, dass die Anzahl der jeweils entführten Frauen und Männer eine Fibonacci-Folge bildet, wie die nachfolgende Auflistung zeigt:

Jahr	0	1	2	3	4	5	6	7	8	...
Frauen	0	1	1	2	3	5	8	13	21	...
Männer	1	0	1	1	2	3	5	8	13	...
Insgesamt	1	1	2	3	5	8	13	21	34	...

(Wie schon erwähnt, ist die Fibonacci-Folge 1, 1, 2, 3, 5, 8, 13... so definiert, dass nach den ersten beiden Elementen jedes weitere Element als Summe der beiden direkt vorangehenden zu bilden ist, also $F_n = F_{n-1} + F_{n-2}$ gilt.) Die Summe aller Fibonacci-Zahlen von F_1 bis F_n ist durch $F_{n+2} - 1$ gegeben. Wenn man diese Beziehung verwendet, leuchtet sofort ein, dass die Anzahl aller Entführten in einem bestimmten Jahr identisch ist mit der entsprechenden Fibonacci-Zahl F_{Jahr}, wobei dann postuliert werden muss, dass die erste Entführung im Jahr 1 stattgefunden hat. Die Gesamtzahl aller bis dahin entführten Personen beträgt dann $F_{Jahr+2} - 1$. Und auch die Frage nach dem Geschlechterver-

Außerirdische Zuchtversuche

hältnis lässt sich dann recht einfach beantworten, sie ist F_n / F_{n-1} und strebt mit wachsender Jahreszahl n gegen den Goldenen Schnitt mit dem Wert 1,61803..., der auch als ɸ bezeichnet wird. Dieser taucht wiederum in vielen Bereichen der Naturwissenschaften, der Kunst und der Mathematik auf. Das Symbol ɸ verweist auf den ersten Buchstaben im Namen des griechischen Bildhauers Phidias, der in seinen Skulpturen außerordentlich oft dieses Verhältnis verwendet hat.

Um nun die numerischen Probleme, die die Mulcrone-Beziehung mit sich bringt, zu umgehen, wurde von Ram Biyani eine andere Formulierung gefunden, die sich ausschließlich auf die Verwendung ganzer Zahlen stützt. Wir können nämlich eine Rekursion verwenden, um das Geschlecht G der m-ten Person, die im n-ten Jahr entführt wird, zu bestimmen, indem wir auf die vorher berechnete Fibonacci-Reihe zurückgreifen. Diese Rekursionsformel lautet:

$$G(n,m) = G(n-2,m) \quad \text{wenn} \quad m \leq F(n-2) \quad \text{ist,}$$
$$G(n,m) = G(n-1, m - F(n-2)) \quad \text{wenn} \quad m > F(n-2) \quad \text{ist.}$$

Hierbei sind F(n) die Anzahl der in dem Jahr n entführten Personen (also die entsprechende Fibonacci-Zahl) und G(n,m) das Geschlecht der in n-ten Jahr entführten m-ten Person.

Einige weitere Fragen können Sie noch zu Ihrem Vergnügen lösen:

- Wie viele Jahre müssten die Außerirdischen warten, bis sie die gesamte Erdbevölkerung von 6 Milliarden auf diese Weise entführt hätten?
- Können Sie auf der Basis dieser Antwort das Geschlecht der sechsmilliardsten entführten Person bestimmen?
- Wie verändert sich das Geschlechterverhältnis, wenn im ersten Jahr zwei Personen entführt würden, etwa zwei Männer (M M) oder eine Frau und ein Mann (F M)?

29 Vollkommene, befreundete und erhabene Zahlen

Wie Dr. Googol schon Monika gegenüber ausgeführt hatte, waren die ersten 4 vollkommenen Zahlen 6, 28, 496 und 8128 schon den alten Griechen bekannt. Sie sind in der Tat sehr schwierig zu finden.

Die ersten 10 vollkommenen Zahlen lauten:

1. $2M_2 = 6$
2. $2^2 M_3 = 28$
3. $2^4 M_5 = 496$
4. $2^6 M_7 = 8128$
5. $2^{12} M_{13} = 33550336$
6. $2^{16} M_{17} = 8589869056$ (1588 von Cataldi gefunden)
7. $2^{18} M_{19} = 137438691328$ (1588 von Cataldi gefunden)
8. $2^{30} M_{31} = 2305843008139952128$ (1772 von Euler gefunden)
9. $2^{60} M_{61}$ (1883 von Pervusin gefunden)
10. $2^{88} M_{89}$ (1911 von Powers gefunden)

Die dreißigste vollkommene Zahl $2^{216090} M_{216091}$ wurde 1985 durch Einsatz eines Cray-Supercomputers gefunden (siehe hierzu Tabelle A29.1).

Um die Liste der zehn ersten vollkommenen Zahlen richtig verstehen zu können, sollten Sie sich erst einmal darüber klar werden, dass vollkommene Zahlen alle durch $2^X \times (2^{X+1} - 1)$ ausgedrückt werden können, wobei X nur ganz spezielle Werte annehmen kann. Euklid konnte beweisen, dass diese Gleichung genügte, um vollkommene Zahlen zu erzeugen, und Euler konnte 2000 Jahre später zusätzlich noch beweisen, dass alle geraden perfekten Zahlen genau diese Form besitzen, wenn $2^N - 1$ eine Primzahl ist. (In dieser Schreibweise muss N mit X + 1 gleichgesetzt werden.) Solche Zahlen werden nach ihrem Entdecker, Marin Mersenne (1588–1648), als Mersenne-Primzahlen M_n bezeichnet. So ist zum Beispiel $127 = 2^7 - 1$ die siebte Mer-

Vollkommene, befreundete und erhabene Zahlen

senne-Primzahl und die Erzeugende der vierten vollkommenen Zahl $2^6 M_7 = 8128$. (Die Mersenne-Primzahlen sind eine Untermenge der durch 2^N-1 definierten Mersenne-Zahlen.) Die Tabelle A29.1 veraltet in dem Maße, in dem neu entdeckte Primzahlen hinzukommen, etwa 1 pro Jahr zum Beispiel durch die GIMPS-Initiative (vgl. hierzu auch den Anhang zum Kapitel 31). Wie viele der besten Mathematiker vergangener Zeiten, war auch Marin Mersenne ein Theologe. Zusätzlich war er aber auch Philosoph, Musiktheoretiker und Mathematiker. Er war mit René Descartes befreundet, mit dem er zusammen eine Jesuitenschule besucht hatte. Mersenne entdeckte einige Primzahlen auf der Basis von $2^N - 1$, unterschätzte die Weiterentwicklung der allgemeinen Rechenleistung, da er behauptete, dass selbst die Ewigkeit nicht ausreichen würde, um entscheiden zu können, ob eine 10- oder 15-stellige Zahl eine Primzahl sei oder nicht. Unglücklicherweise weisen die aus $2^N - 1$ entstehenden Primzahlen keine Regelmäßigkeit auf. So sind die Ergebnisse Primzahlen, wenn die N's die Werte N = 2, 3, 5, 7, 13, 17, 19, ... annehmen, die ja selbst alle Primzahlen sind. Die Primzahl 11 erzeugt aber keine Primzahl, da M_{11} = 2047 ist, was wiederum als Produkt aus 23×89 geschrieben werden kann.

Im Jahre 1814 schrieb P. Barlow in „A New Mathematical and Philosophical Dictionary", dass die achte vollkommene Zahl wohl die größte sei, die jemals entdeckt werden würde, da sie eher von akademischem Interesse sei und keinen weiteren Nutzen habe, so dass es eher unwahrscheinlich wäre, dass irgendeine Person den Versuch unternähme, noch größere zu finden. Barlow wies das menschliche Wissen deshalb in seine Schranken, weil vor der Entwicklung der Computer die Berechnung solcher Mersenne-Primzahlen nur durch außerordentlich harte Rechenarbeit bewerkstelligt werden konnte. M_{31} = 2 147 483 647 ist nämlich schon eine ziemlich große Zahl, selbst wenn Leonhard Euler 1772 in der Lage war, sie als Primzahl zu identifizieren.

$2^{N-1}(2^N - 1)$

Nummer	N	Entdeckungsjahr	Person
1–4	2, 3, 5, 7	im Mittelalter	
5	13	vor 1461	
6–7	17, 19	1588	Cataldi
8	31	1750	Euler
9	61	1883	Pervusin
10	89	1911	Powers
11	107	1914	Powers
12	127	1876	Lucas
13–17	521, 607, 1279, 2203, 2281	1952	Robinson
18	3217	1957	Riesel
19–20	4253, 4423	1961	Hurwitz & Selfridge
21–23	9689, 9941, 11213	1963	Gillies
24	19 937	1971	Tuckerman
25	21 701	1978	Noll & Nickel
26	23 209	1979	Noll
27	44 497	1979	Slowinski & Nelson
28	86 243	1982	Slowinski
29	110 503	1988	Colquitt & Welsh
30	132 049	1983	Slowinski
31	216 091	1985	Slowinski
32?	756 839	1992	Slowinski & Gage
33?	859 433	1993	Slowinski

Tabelle A36.1 Einige vollkommene Zahlen.

Mit der Erfindung der Computer wurde Barlows Einschränkung der menschlichen Berechnungsfähigkeiten aufgehoben. Und wegen ihrer speziellen Form sind die Mersenne-Primzahlen wesentlich leichter auf ihre Primzahleigenschaften hin zu testen als andere Zahlen, was wohl erklärt, warum alle Primzahlrekorde, die in letzter Zeit aufgestellt wurden, Mersenne-Primzahlen sind – und damit auch wieder zu einer neuen vollkommenen Zahl führen.

Daneben existiert aber eine weitere, ebenso verstörende wie seltsame Verbindung zwischen den vollkommenen Zahlen und den Kubikzahlen. So zum Beispiel:

$28 = 1^3 + 3^3$

$496 = 1^3 + 3^3 + 5^3 + 7^3$

$8128 = 1^3 + 3^3 + 5^3 + 7^3 + 9^3 + 11^3 + 13^3 + 15^3$

Unter www.oup-usa.org/sc/0195133420 findet sich ein Computerprogramm zur Berechnung vollkommener Zahlen.

Ungerade vollkommene Zahlen sind noch faszinierender als ihre geradzahligen Pendants, da niemand weiß, ob sie überhaupt existieren. Sie werden womöglich für immer im Nebel des Ungewissen verborgen bleiben. Auf der anderen Seite haben Mathematiker eine lange Liste mit allem zusammengestellt, was wir alles über diese ungeraden vollkommenen Zahlen wissen; so hat die computergestützte Suche bis hinauf zu 10^{300} keine einzige ungerade vollkommene Zahl auftauchen lassen. Der Mathematiker Albert H. Beiler meint zu diesen Zahlen: „Wenn eine solche vollkommene ungerade Zahl jemals gefunden werden sollte, dann wird sie mehr Bedingungen zu erfüllen haben, als in einem juristischen Vertrag zu finden sind, und diese werden genauso verwirrend sein." Hier sind nur ein paar davon aufgelistet:
Eine vollkommene ungerade Zahl muss

- einen Rest von 1 ergeben, wenn sie durch 12 geteilt wird, oder einen Rest von 9, bei einer Division durch 36,
- mindestens 6 Primzahlfaktoren aufweisen,
- mindestens 9 Primzahlfaktoren besitzen, wenn sie nicht durch 3 teilbar ist,
- durch die 6. Potenz einer Primzahl teilbar sein, wenn sie kleiner als 10^{9118} ist.

Der Sachbuchautor und Mathematiker David Wells kommentiert diese Suche so: „Die Forscher, die bisher noch keine einzige ungerade perfekte Zahl gefunden haben, haben dennoch eine Menge über sie herausgefunden. Wenn es denn Sinn macht, zu sagen, man wisse sehr viel über eine Sache, die wahrscheinlich nicht existiert." Die Suche nach vollkommenen Zahlen nahm im Laufe der Jahrhunderte schon fast religiöse Züge an, wobei ihr mystischer Höhepunkt im 17. Jahrhundert gelegen haben mag. So gehörte auch Peter Bungus zu der wachsenden Zahl von Mathematikern des 17. Jahrhunderts, die Zahlen und Religion miteinander zu verbinden suchten. In seinem alchimistischen Werk „Numerorum Mysteria" listete er 24 Zahlen auf, von denen er behauptete, dass sie vollkommen seien, von denen aber nur acht der Prüfung durch Mersenne standhielten. Mersenne selbst meinte auch, noch drei weitere vollkommene Zahlen gefunden zu haben, nämlich die für $N = 67, 127$ und 257, die er in seine Gleichung für vollkommene gerade Zahlen einsetzte; es dauerte aber noch weitere 303 Jahre, bevor Mathematiker in der Lage waren, Mersennes Behauptung zu überprüfen. Sie fanden heraus, dass 67 und 257 keine waren, dafür mussten aber die Zahlen $N = 89$ und 107 in die Liste aufgenommen werden.

Wie konnte Mersenne zu dieser Zeit Vermutungen über die Existenz solch großer Primzahlen anstellen? Selbst nach vielen Jahrhunderten der Forschung ist darauf keine Antwort möglich. Könnte er vielleicht ein Theorem entdeckt haben, das bis heute noch nicht wieder entdeckt worden ist? Rufen Sie sich bitte ins Gedächtnis, dass empirische Verfahren zur Berechnung solch riesiger Zahlen zu dieser Zeit noch nicht verfügbar waren. (Die Mersenne-Zahl für $N = 78$ besitzt 78 Stellen.)

Solche enthusiastischen Versuche, die Vollkommenheit zu erreichen, sind nicht nur Peter Bungus oder Marin Mersenne vorbehalten. Selbst im 20. Jahrhundert wurden noch verzweifelte Versuche unternommen, den Heiligen Gral der Größten Vollkommenen Zahl zu erlangen. So meldeten zum Beispiel am 27. März 1936 die Zeitungen überall auf der Welt, dass ein Dr. S.I.

Krieger eine 155-stellige vollkommene Zahl gefunden habe: ($2^{256}(2^{257}-1)$). Er glaubte nachweisen zu können, dass $2^{257}-1$ eine Primzahl ist. Die Nachricht von Associated Press, die in der *New York Herald Tribune* erschien, lautete:

VOLLKOMMENHEIT FÜR 155-STELLIGE ZAHL BEANSPRUCHT

Mann arbeitet 5 Jahre lang daran, ein Problem aus der Zeit Euklids zu lösen

New York Herald Tribune, 27. März 1936

Chicago, 26. März (AP). – Dr. Samuel I. Krieger legte Papier und Bleistift beiseite und ließ heute verlautbaren, dass er ein Problem gelöst habe, das die Mathematiker seit den Zeiten Euklids beschäftigt – eine vollkommene Zahl mit mehr als 19 Ziffern zu finden.

Eine vollkommene Zahl ist identisch mit der Summe ihrer einzelnen Teiler, wobei die Zahl selbst nicht als Teiler zählt. So ist zum Beispiel 28 eine vollkommene Zahl, da die Summe ihrer Teiler 1, 2, 4, 7, 14 und eben 28 ergibt. Die vollkommene Zahl des Dr. Krieger weist 155 Ziffern auf und lautet:

26, 815, 615, 859, 885, 194, 199, 148, 049, 996, 411, 692, 254, 958, 731, 641, 184, 786, 755, 447, 122, 887, 443, 528, 060, 146, 978, 161, 514, 511, 280, 138, 383, 284, 395, 055, 028, 465, 118, 831, 722, 842, 125, 059, 853, 682, 308, 859, 384, 882, 528, 256.

Sie berechnet sich nach 2 hoch 513 minus 2 hoch 256. Der Doktor sagte, er habe zu ihrer Berechnung siebzehn Stunden benötigt und fünf Jahre dazu, nachzuweisen, dass sie korrekt sei.

Leider war schon ein paar Jahre vorher nachgewiesen worden, dass die Zahl $2^{257}-1$ keine Primzahl ist. Die Herausgeber einiger mathematischer Fachzeitschriften beschuldigten dann auch den *New York Herald Tribune*, die sorgfältige Recherche um einer Sensationsstory willen vernachlässigt zu haben, da die Krieger-Story unhinterfragt übernommen worden war.

Der Araber El Madshriti, der im 11. Jahrhundert lebte, experimentierte mit der erotischen Wirkung von befreundeten Zahlen, indem er einer Frau einen Kuchen zu essen gab, der die Zahl 220 repräsentierte, während er selbst einen größeren Kuchen, der die Zahl 284 darstellen sollte, verspeiste. Ich bin mir nicht ganz darüber im Klaren, ob dieser mathematische Versuch, das Herz der Frau zu gewinnen, von Erfolg gekrönt war, aber vielleicht wäre es mal einen Versuch wert und die Methode bei modernen Partnerschaftsvermittlungen durchaus von Interesse. Stellen Sie sich einmal Restaurants vor, in denen zwei Stücke Filet Mignon für zukünftige Heiratskandidaten in entsprechenden Proportionen serviert würden. Vielleicht werden auch wir eines Tages Tattoos mit befreundeten Zahlenpaaren als eine Art mathematischer Selbstinszenierung zur Schau tragen.

Unser arabischer Freund El Madshriti sollte jedoch nicht der Einzige bleiben, der sich darin versuchte, mit Hilfe befreundeter Zahlen die Geschlechter einander anzunähern. Im 14. Jahrhundert schrieb zum Beispiel der arabische Gelehrte Ibn Khaldun bezüglich der befreundeten Zahlen:

> Personen, die sich mit Talismanen ausstatten, werden sich dessen versichern, dass diese Zahlen einen besonderen Einfluss auf die Entwicklung von Freundschaft und Eintracht zwischen zwei Individuen haben werden. Man erstellt zwei Horoskope für die beiden Menschen. Auf jedes der beiden schreibt man eine der oben genannten Zahlen, wobei man die stärkere der beiden Zahlen der Person zuordnet, deren Zuneigung man erlangen möchte. Daraus erwächst dann eine Verbindung zwischen den beiden Menschen, die so eng ist, dass sie kaum noch getrennt werden kann.

Beim Gebrauch des Wortes „stärkere Zahl" macht Ibn Khaldun aber nicht klar, ob er damit die größere der beiden befreundeten Zahlen meint oder aber die mit den meisten Faktoren, vielleicht war er sich nicht so sicher.

Seit dem Altertum haben die Araber ein besonderes Interesse daran entwickelt, Berechnungsverfahren für befreundete Zahlen zu finden. Mein persönlicher Favorit stammt von dem arabischen Astronomen und Mathematiker Thabet ben Korrah (950 n. Chr.). Wählen Sie dazu eine beliebige Potenz von 2 aus, und bilden Sie daraus die folgenden Zahlen:

$A = 3 \times 2^x - 1$
$B = 3 \times 2^{x-1} - 1$
$C = 9 \times 2^{2x-1} - 1$

Wenn alle drei Zahlen Primzahlen sind, dann sind $2^x \times a \times b$ und $2^x \times c$ befreundete Zahlen. Ist $x = 2$, so entstehen daraus die Zahlen 220 und 284. (Unter www.oup-usa.org/sc/0195133420 findet sich ein BASIC-Programm, das befreundete Zahlen berechnet.)

Die Zahl 672 ist eine der vielen mehrfach vollkommenen Zahlen – Zahlen, bei denen die Summe aller ihrer Faktoren ein ganzzahliges Vielfaches der Zahl selbst ist. So ist zum Beispiel 120 eine dreifach perfekte Zahl, da ihre Faktoren sich zu $1 + 2 + 3 + 4 + 5 + 6 + 10 + 12 + 15 + 20 + 24 + 30 + 40 + 60 + 120 = 360 = 3 \times 120$ aufaddieren. Dementsprechend ist auch 672 eine dreifach vollkommene Zahl.

In letzter Zeit hat es mehrfach Versuche gegeben, den seltsamen Titel von Hugo von Hoffmannsthals Erzählung „Das Geheimnis der 672sten Nacht" zu erklären. Der österreichische Dichter, Dramatiker und Essayist Hugo von Hoffmannsthal (1874–1929) ist dadurch berühmt geworden, dass er die Libretti für die Opern von Richard Strauß schrieb. Eine Erklärung berief sich auf die Tatsache, dass es sich bei 672 um eine dreifach vollkommene Zahl handele, aber die Literaturwissenschaftler sind nicht davon überzeugt, dass dies wirklich der Grund für diesen Titel ist. (Einige vermuten, dass „Die Geschichte der 672sten Nacht" sich auf die „Geschichten aus 1001 Nacht" bezieht.)

5775 und 5776 sind zwei aufeinander folgende erhabene Zahlen. Ob es wohl möglich ist, drei aufeinander folgende erhabene Zahlen zu finden? Erst 1975 wurde von Laurent Hodges und Michael Reid das kleinste Tripel solcher aufeinander folgender erhabener Zahlen entdeckt. Es lautet:

$$171\,078\,830 = 2 \times 5 \times 13 \times 23 \times 1973$$
$$171\,078\,831 = 3^3 \times 7 \times 11 \times 19 \times 61 \times 71$$
$$171\,078\,832 = 2^4 \times 21 \times 344917$$

Wie schon vorher bemerkt, ist jede vollkommene gerade Zahl $2^{N-1} \times (2^N-1)$ identisch. Harry J. Smith aus Kalifornien schrieb ein C++ Programm, das diese Zahlen berechnet, wenn der Exponent der entsprechenden Mersenne-Primzahl vorgegeben wird. Für den Wert von N =859 433 ergibt sich eine vollkommene Zahl, die 530 462 Bytes lang ist.

Niemand weiß, ob die vollkommenen Zahlen irgendwann einmal „aussterben", je weiter man sich auf der Zahlengeraden in Richtung größerer Zahlen bewegt. Die unendliche Weite der mathematischen Welt wartet nur darauf, weiter erforscht zu werden. Die Pythagoreer kannten nur 4 vollkommene Zahlen, wir hingegen schon 30. Werden wir wohl jemals die Vierziger-Grenze überschreiten? Denn natürlich gibt es Beschränkungen in unserem mathematischen Wissen, nicht nur wegen unserer intellektuellen Einschränkung, sondern auch wegen der Beschränktheit unserer Computer. Und in einer seltsamen Weise wäre „absolutes" mathematisches Wissen göttliches Wissen – unergründlich und unendlich. Je mehr mathematisches Wissen wir erlangen, desto mehr nähern wir uns diesem Gott an, werden ihm aber niemals gleichkommen. Überall um uns herum nehmen wir die Andeutungen einer verborgenen Harmonie wahr, sei es in den Werken der Menschen oder den Erscheinungen der Natur. Von der Großen Pyramide des Cheops bis hin zu den regelmäßigen Mustern bei Pflanzen können wir die Existenz eines zugrunde liegenden geometrischen Bauplans und geometrischer Gesetzmäßigkeiten erkennen. Und wir werden weiter versuchen, herauszubekommen, wie dies alles miteinander in Verbindung gebracht werden kann.

31 Karten, Frösche und fraktale Folgen

Es gibt viele verschiedene Definitionen für fraktale oder selbstähnliche Folgen; diejenige, die für einige der in diesem Kapitel vorgestellten Folgen zuzutreffen scheint, ist die von Benoit Mandelbrot in seinem Buch „Die fraktale Geometrie der Natur": „Eine unbeschränkte Menge S ist selbstähnlich im Bezug auf den Radius r, wenn die Menge r(S) kongruent zu S ist." Lassen Sie mich ein paar Beispiele aufführen. Nehmen Sie eine Reihe von ganzen Zahlen $x_1, x_2, x_3, \ldots$ wie sie sich in dem obigen Beispiel 1, 1, 2, 1, 3, ... manifestiert. Diese Zahlenfolge ist selbstähnlich zum Radius 2, da $x_1, x_4, x_6 \ldots$ identisch zu $x_1, x_2, x_3 \ldots$ ist. Man kann dieses Verhalten verallgemeinern, indem man sagt, dass eine Folge selbstähnlich zu r ist (mit r > 1), wenn eine ganze Zahl d existiert, dergestalt dass $1 \leq d \leq r$, für die $x_d, x_{(r+d)}, x_{(2r+d)}, x_{(3r+d)} \ldots$ identisch ist zu $x_1, x_2, x_3 \ldots$. Wäre r jetzt zum Beispiel gleich 4, dann müsste jedes vierte Element der Reihe eine neue Folge liefern, die mit $x_1, x_5, x_9, \ldots$ identisch zu $x_1, x_2, x_3, \ldots$ wäre. Beginnt man mit dem zweiten Element, so muss dann analog gelten: $x_2, x_6, x_{10} \ldots$ ist identisch $x_1, x_2, x_3, \ldots$.

In diesem Kapitel möchte ich den Begriff aber etwas erweitern, indem ich auch solche Folgen als selbstähnlich bezeichne, die aus Kopien ihrer selbst bestehen, sogar dann, wenn die Folge selbst nicht genau der oben aufgeführten Regel gehorcht. Stellen Sie sich zum Beispiel folgende Zeichenfolge vor:

a, b, a, c, b, a, d, c, b, e, a, d, c, f, b, e, a, d, g, c, f, b, e ...

Wenn Sie jetzt jeden Buchstaben bei seinem ersten Auftreten streichen, werden Sie feststellen, dass sich die Zeichenfolge nicht geändert hat:

a̶,̶ ̶b̶, a, e̶, b, a, d̶, c, b, e̶, a, d, c, f̶, b, e, a, d, g̶, c, f, b, e ...

Solche Zeichenfolgen möchte ich als fraktal-ähnlich bezeichnen, da sie, wie die meisten Fraktale auch, Teile enthalten, die „das Ganze wiedergeben".

Um sich nun der herkömmlichen Definition der Signatur-Sequenz anzunähern, definieren wir θ als irrationale Zahl; S (θ) = {c + dθ:c, d $\in$ N}, und c_n (θ) + d_n (θ) sei die Sequenz, die sich einstellt, wenn die Elemente von S(θ) in aufsteigender Reihenfolge geordnet werden. Eine Folge x ist genau dann eine Signatur-Sequenz, wenn eine irrationale Zahl existiert, dass x = {$c_n(\theta)$} ist, und x wird die Signatur von θ genannt. Die Signatur einer irrationalen Zahl ist dann eine fraktale Folge (siehe hierzu den Artikel von Kimberley in der Literatur zu diesem Kapitel).

Fraktale Signatur-Sequenzen: Hier sind die ersten Elemente für ausgewählte fraktale Signatur-Sequenzen. Sie wurden von David E. Shippee aus Colorado, Haribo, berechnet.

Zahl	Signatur-Sequenz
0.55000000 = 11/20	1 1 2 1 2 1 3 2 1 3 2 1 4 3 2 1 4 3 2 1 5 4 3 2 1 5 4 3 2 1 6 5 4 3 2
0.707106781 = $\sqrt{1/2}$	1 1 2 1 2 3 1 2 3 1 4 2 3 1 4 2 5 3 1 4 2 5 3 1 6 4 2 5 3 1 6 4 2 7 5
1.0498756 = $\sqrt{101-9}$	1 2 1 3 2 1 3 2 5 4 3 2 1 6 5 4 3 2 1 7 6 5 4 3 2 1 8 7 6 5 4 3 4
1.10000000 = 1+1/10	1 2 1 3 2 1 3 2 5 4 3 2 1 6 5 4 3 2 1 7 6 5 4 3 2 1 8 7 6 5 4 3 4
1.41421356 = $\sqrt{2}$	1 2 1 3 2 1 3 2 1 4 3 6 2 6 1 4 7 3 6 2 5 8 1 4 7 3 6 9 2 5 8 1 4
1.50000000 = 1+1/2	1 2 1 3 2 4 3 5 4 1 6 3 5 2 7 4 1 9 6 3 8 5 2 10 7
1.73205081 = $\sqrt{3}$	1 2 1 3 2 4 3 5 4 6 1 3 5 7 3 4 6 1 8 3 5 7 2 4 6 1 8 3 5 7 2 9 4 6 1 8 3 10 5 7 2
2.23606798 = $\sqrt{5}$	1 2 3 1 4 2 5 3 1 6 4 2 7 5 3 1 8 6 4 2 9 7 5 3 1 10 6 4 2 11 9 7 5 3
2.71828183 = e	1 2 3 1 4 2 5 3 6 1 4 7 2 5 8 3 6 9 1 4 7 10 2 5 8 1 1 6 9 1 1 2 4 7 10
3.10000000 = π to 1 decimal	1 2 3 4 1 5 2 6 3 7 4 1 8 5 2 9 6 3 10 7 4 1 1 1 8 5 2 1 2 9 6 3 1 3 10 7 4
3.14000000 = π to 2 decimals	1 2 3 4 1 5 2 6 3 7 4 1 8 5 2 9 6 3 10 7 4 1 1 1 8 5 2 1 2 9 6 3 1 3 10 7 4
3.14100000 = π to 3 decimals	1 2 3 4 1 5 2 6 3 7 4 1 8 5 2 9 6 3 10 7 4 1 1 1 8 5 2 1 2 9 6 3 1 3 10 7 4
3.14160000 = π to 4 decimals	1 2 3 4 1 5 2 6 3 7 4 1 8 5 2 9 6 3 10 7 4 1 1 1 8 5 2 1 2 9 6 3 1 3 10 7 4
3.14159265 = π to 8 decimals	1 2 3 4 1 5 2 6 3 7 4 1 8 5 2 9 6 3 10 7 4 1 1 1 8 5 2 1 2 9 6 3 1 3 10 7 4
7.07106781 = $\sqrt{50}$	1 2 3 4 5 6 7 8 1 9 2 10 3 11 4 12 5 13 6 14 7 15 8 1 16 9 2 17 10 3 18
10.0498756 = $\sqrt{101}$	1 2 3 4 5 6 7 8 9 10 11 1 12 2 13 3 14 4 15 5 16 6 17 7 18 8 19 9 20 10

Soweit Dr. Googol beurteilen kann, weisen alle diese Sequenzen fraktale Eigenschaften auf. Irrationale Zahlen scheinen einzigartige Signaturen zu erzeugen, während dies bei rationalen Zahlen nicht der Fall ist. Wenn Sie sich zum Beispiel die Signatur von 1.5 anschauen (1, 2, 1, 3, 2, 4, 1, 3, 5, 2...), so könnte sie genauso gut (1, 2, 1, 3, 2, 1, 4, 3, 2, 5...) lauten, da $4 + 1 \times 1{,}5 = 1 + 3 \times 1{,}5$ ist, so dass die Zahlenfolge, 4, 1, in der ersten Sequenz ebenso gut 1, 4, lauten könnte, und damit würde eine zweite Signatur existieren. David E. Shippee untersuchte auch verschiedene Darstellungen von π mit einer bis acht Nachkommastellen, um zu untersuchen, ob die Sequenzen gegen eine einzige konvergierten, und fand heraus, dass sie alle identisch waren. (Er berechnete sie bis zu den Grenzwerten von 30 für i und j, so dass insgesamt 900 Elemente berechnet wurden.) Es sieht demnach so aus, als müssten die Signaturen auf sehr viele Stellen hin berechnet werden, um einen Unterschied auszumachen, was bedeutet, dass sie nur sehr langsam konvergieren.

Batrachionen: Wenden wir uns jetzt dem springenden Frosch zu und der Frage, wie schnell der Frosch sich dem Wert 0.5 beliebig nahe annähert, wenn die Anzahl der n gegen unendlich geht. Können Sie zum Beispiel einen Wert für n angeben, hinter dem der Wert von a(n)/n immer weniger als 0.05 vom Ruhepunkt 0.5 entfernt ist? (Anders gesagt: für welche n gilt stets $|a(n)/n - 1/2| < 0{,}05$?)

Ein schwieriges Problem? Der sehr vielseitige Mathematiker John Conway bot der Person 10 000 $ an, die in der Lage war, zu bestimmen, ab welchem Wert für n der Funktionswert des Batrachions stets kleiner als 0.55 ist. Nach einem Monat konnte Colin Mallows von AT&T diese Frage beantworten: n = 1489. Die Abbildung A31.1 zeigt den Funktionswert dieser Funktion im Bereich zwischen 0 < n < 10 000. Zurzeit ist noch niemand in der Lage, genau zu sagen, ab welchem Wert für n der Funktionswert niemals mehr größer als 0.5001 wird, also $|a(n)/n - 1/2| < 0{,}001$ gilt. (Niemand weiß, ob ein solcher Wert überhaupt existiert.)

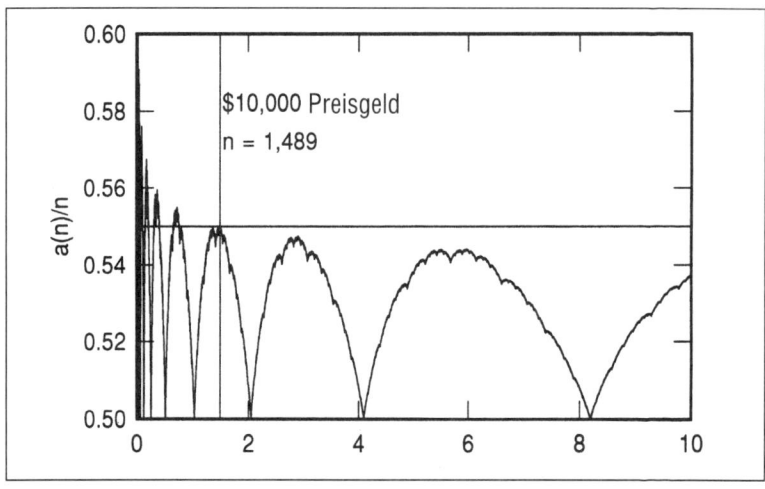

Abb. A31.1 Funktionswert a(n)/n des Batrachions im Bereich 0 < n <10 000.

Ein Blick auf die Abbildung A31.1 vermittelt uns den Eindruck, als ob der Frosch periodisch auf den „Seerosenblättern" landete. Und tatsächlich scheinen alle „Landeplätze", an denen a(n)/n = 0.5 gilt, in irgendeiner Weise mit Potenzen von 2 verbunden zu sein, so zum Beispiel bei 2^k für k = 1, 2, 3, ... Aber besagt das auch, dass ein jeder Sprung sein Maximum in der Mitte zwischen zwei Landeplätzen 2^{k+1} und 2^k besitzt?

e	Letztes n so dass a(n)/n − 1/2 > ∈
1/20	1489 (entdeckt durch Mallows 1988)
1/30	758765
1/40	6083008742 (entdeckt durch Mallows 1988)
1/50	809308036481621
1/60	1684539346496977501739
1/70	55738373698123373661810220400
1/80	1508884187519093848428948428612052839
1/90	12756590910388797276716908402627455442612291803 5
1/100	8826608001127077619581589939550531021943059906967127007025

Tab. A31.1 Der nimmermüde Frosch.

Tal Kubo von der Mathematischen Fakultät der Harvard Universität ist einer der weltweit führenden Experten auf dem Gebiet der Batrachionen. Er merkt an, dass diese Sequenz immer wieder in einer Vielzahl anscheinend unzusammenhängender Gebiete der Mathematik auftaucht: bei Varianten des Pascalschen Dreiecks, der Gaußverteilung, der Kombinatorik endlicher Mengen und den Catalanschen Zahlen, die angeben, wie viele Möglichkeiten existieren, ein regelmäßiges n-Eck in n-2 Dreiecke zu unterteilen. Tal Kubo und Ravi Valkil haben Algorithmen entwickelt, die es ermöglichen, das Verhalten des Batrachions für sehr große n zu untersuchen. Sie haben herausgefunden, dass der Frosch nur sehr langsam müde wird. So sind zum Beispiel die Sprünge des Frosches niemals niedriger als 0.52, bis er 809 308 036 481 621-mal gesprungen ist!

Die Tabelle A31.1 listet die Werte für n auf, ab denen eine bestimmte Sprunghöhe nicht mehr überschritten wird. Diese Werte wurden von Kubo und Valhil unter Zuhilfenahme des Mathematica Programmpakets auf einer Sun 4 ermittelt.

Der Statistiker Collin Mallows führte die erste detaillierte Untersuchung zu dieser Art von Kurven durch und stellte fest, dass keine endliche Zahl von Berechnungen ausreicht, um behaupten zu können, dass die Regelmäßigkeiten, die wir bei dieser Kurve auszumachen glauben, sich bis in alle Unendlichkeit fortführen. Er stellte ferner fest, dass die Funktionswerte $a(n)$ sich für jeden Schritt n entweder um den Wert 0 oder den Wert 1 unterscheiden. Es ist nicht klar, ob sich diese Tendenz bis ins Unendliche fortsetzt.

Die vielfältigen Möglichkeiten, diese Kurve grafisch darzustellen, werden in meinem Buch „Keys to Infinity" diskutiert. Auch ist nicht ganz klar, wie ein aktueller Wert in einem bestimmten Sprung des Batrachions von den Werten in vorangehenden Sprüngen abhängt. Mallow hat gezeigt, dass der Funktionswert $a(100)$, der im sechsten Sprung auftaucht, berechnet wird durch $a(100) = a(a(99)) + a(100 - a(99)) = a(56) + a(44) = 31 + 26 = 57$. Die beiden Punkte 56 und 44 liegen aber beide im fünften Sprung und sind damit schon sehr weit vom sechsten entfernt. Verschiedene Autoren wie zum Beispiel Manfred Schroeder haben sich damit beschäftigt, wie wohl mathematische wellenartige Kurven klingen mögen, wenn sie als Audiosignale abgespielt werden. So sind die Weierstraßschen Kurven (die zwar kontinuierlich, aber sehr zerklüftet sind) eine stete Quelle von Paradoxien. Sie werden aus $w(t) = \sum_{k=1}^{\infty} A^k \cos(B^k t)$ gebildet, wobei $A \times B > 1 + 3\pi/2$ sein muss. Wenn sie auf ein Tonband gespeichert werden und anschließend mit doppelter Aufnahmegeschwindigkeit abgespielt werden, hört man erstaunlicherweise ein Geräusch mit niedrigerer Tonhöhe. Andere fraktale Wellenformen hingegen ändern die Tonhöhe nicht, wenn die Abspielgeschwindigkeit verändert wird. Das Gerücht geht um, dass das erste Batrachion, das in diesem Kapitel beschrieben wurde, ein pfeifendes jammerndes Geräusch erzeugt, wenn es zu Gehör gebracht wird. Dr. Googol wäre sehr daran interessiert, von Lesern zu hören, die solche auditiven Experimente mit Batrachionen durchgeführt haben. Andere musikalische Kurven oder Gensequenzen finden sich im meinem Buch „Mazes for the Mind: Computers and the Unexpected".

32 Die Schachtel vom Nevado de Huascarán

Um das erste Problem zu lösen, betätigen Sie als Erstes den roten Schalter für einige Sekunden. Dann schalten Sie ihn aus und aktivieren den grünen Finger. Öffnen Sie schnell die Schachtel. Wenn der Ventilator ungebremst läuft, ist es der grüne Finger, der ihn einschaltet, verringert er seine Laufgeschwindigkeit, dann war es der rote Finger. Bewegt er sich nicht, dann bleibt nur noch der gelbe Finger übrig. (Der kalifornische Physiker Dick Hess präsentierte 1998 einmal ein ähnliches Problem im *Pi Mu Epsilon Journal*, Bd. 10, H. 8, S.660)

Das zweite Problem kann gelöst werden, indem Sie den roten Schalter betätigen und etwas Paprika durch das Loch rieseln lassen. Schalten Sie jetzt den roten Schalter wieder aus und warten einige Zeit. Als Nächstes schalten Sie den blauen und den grünen Schalter ein, dann schalten Sie den grünen aus und öffnen die Schachtel. Dr. Googols Kollege, Jim McLean, hat die vier sich daraus ergebenden Möglichkeiten erarbeitet:

1. Der Ventilator rotiert gleichmäßig – der blaue Finger ist der richtige.
2. Der Ventilator wird langsamer und hält schließlich an – der grüne Finger war's.
3. Der Ventilator läuft nicht, Paprika ist überall in der Schachtel verteilt – der rote Finger war's.
4. Der Ventilator läuft nicht, das Paprikapulver liegt auf einem kleinen Haufen – der goldene Finger wird's wohl sein.

33 Ein intergalaktischer Zoo

Um sicherzugehen, dass er zwei Tiere derselben Spezies in einem Käfig hat, muss der Außerirdische vier Tiere in jeden Käfig sperren, also ein Tier mehr als Arten vorhanden sind. Um sicherzugehen, dass er garantiert ein männliches und ein weibliches Tier derselben Spezies in seinem Käfig hat, muss er 12 Tiere auswählen, 1 Tier mehr als die Gesamtzahl der Tierpaare beträgt. Sie haben diese Fragen nicht beantworten können? Versuchen Sie doch mal, alle Tiere und deren Geschlecht auf einzelne Zettel zu schreiben, und stecken Sie diese danach in eine Schachtel. Dann ziehen Sie blind Zettel heraus, und schauen nach, was dabei herauskommt. Jetzt, wo Sie das Prinzip kennen, können Sie sich noch andere „außerirdische Tierversuchsrätsel" ausdenken?

Und noch nebenbei: Verschiedene Autoren verwenden das Zitat zu Beginn des Kapitels („Ein Mathematiker ist wie ein

Blinder, der in einem lichtlosen Raum nach einer schwarzen Katze sucht, die noch nicht einmal da ist.") unterschiedlich. Manchmal wird der Begriff „Mathematiker" durch den Begriff „Philosoph" ersetzt. Einige Autoren weisen als Quelle „Anonym" anstelle von „Darwin" aus. Dr. Googol wiederum weiß nicht genau, wer der eigentliche Urheber dieses Ausspruchs ist. Eine andere sehr interessante Variante dieses Spruchs findet sich sehr oft im Internet und lautet: „Ein Mathematiker ist wie ein Blinder, der in einem lichtlosen Raum nach einer schwarzen Katze sucht, die noch nicht einmal da ist – und sie auch noch findet!"

34 Ein Hummerverkäufer aus Lima

Nein, der Hummer wiegt keine 15 Pfund. Eine gute Möglichkeit, sich das Problem zu verdeutlichen, ist, sich eine Waage vorzustellen, auf deren linker Waagschale der Hummer liegt, während auf der rechten Waagschale ein 10-Pfund-Gewicht und ein halber Hummer zu finden sind. Soll nun die Waage im Gleichgewicht bleiben, so kann man auf beiden Seiten einen halben Hummer wegnehmen, was direkt zu der Lösung führt, nämlich dass der halbe Hummer 10 Pfund wiegen muss. Der ganze wiegt dann doppelt so viel, also 20 Pfund. Sie sehen, dieses Problem kann ganz alleine mit Hilfe des Vorstellungsvermögens ohne irgendwelche algebraischen Hilfsmittel gelöst werden.

Jetzt aber zu einer Killerfrage:

> Wenn ein Hummer 10 Pfund plus das Doppelte seines Gewichtes wiegt, wie schwer ist er dann?

Können Sie diese Frage beantworten, ohne zu Papier und Bleistift zu greifen? Sehen Sie vielleicht fundamentale Schwierigkeiten bei der Beantwortung dieser Frage?

35 Die Tafel der Inkas

Das zweite Paar ergänzt diese Tafel, da es die Sätze aller möglichen Paare dieser vier Symbole vervollständigt. Vielleicht finden Sie aber noch andere gültige Lösungsmöglichkeiten.

36 Das Smaragdgambit

Die Abbildung A36.1 zeigt eine mögliche Lösung. Finden Sie noch gleichwertige?

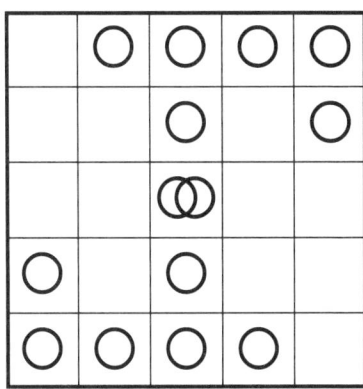

Abb. A36.1 Eine Lösung des Smaragdgambits.

37 Yin oder Yang

Dieses Rätsel basiert auf einem sehr alten Problem. Die Abbildung A37.1 ist die einzige Lösung, die Dr. Googol bisher bekannt ist. Wenn Sie sich davon überzeugen wollen, dass die einzelnen Teilstücke wirklich die gleiche Form und Größe haben, können Sie diese Figur auf ein Stück Papier zeichnen und die

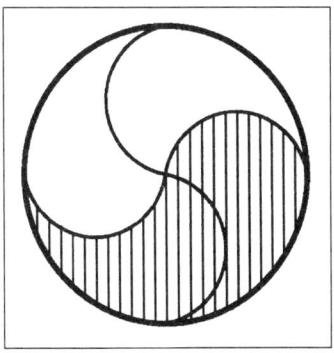

Abb. A37.1: Der Schokolade-Vanille-Kuchen.

einzelnen Teile ausschneiden. Danach legen Sie sie einfach übereinander.

Und selbst Kinder können diese Yin-Yang-Aufteilung mit einem einzigen Schnitt in vier Teile gleicher Größe, aber unterschiedlicher Form teilen. Können Sie sich vorstellen, wie?

38 Verrückte Symmetrie

Sie Dummerchen! Es gibt keine einzige natürliche Zahl, die die Briefkastenaufgabe nach der zweiten Reihe erfüllen würde. Und die einzige Lösung der zweiten Reihe besteht in $2 + 2 = 2 \times 2$. Das Problem macht soviel Spaß, weil die Anzahl der möglichen Lösungen mit steigender Reihennummer so schnell von Unendlich auf Null sinkt.

Wenn Sie sich zum Beispiel die dritte Zeile ansehen ✎ + ✎ + ✎ = ✎ × ✎ × ✎, dann stellen Sie fest, dass wir versuchen, die mathematische Gleichung $a + a + a = a \times a \times a$ zu erfüllen. Dies ist äquivalent zu $3a = a^3$, was wiederum gleich $3 = a^2$ ist. Ein relativ einfacher Weg herauszufinden, ob für diese Gleichung eine ganzzahlige Lösung existiert, ist es, eine Kurve der Form $y = a^{n-1}$ und eine Kurve mit $y = n$ (was eine gerade Linie ergibt) zu zeichnen und nachzusehen, wo diese beiden Kurven sich schneiden. Wie der Mathematiker Dan Winarski ausgeführt hat, ist a^{n-1} im Bereich $n > 2$ für alle ganzen Zahlen immer größer als n. Es kann also keine weitere Lösung des Problems existieren.

Hier kommt aber ein anderes Problem, das von Craig Becker, einem Freund von Dr. Googol, formuliert wurde: Wie viele Lösungen existieren für die unten gezeigte Pyramide? Hierbei dürfen Sie alle beliebigen ganzen Zahlen verwenden.

David Shippee behauptet, dass jede Reihe mindestens eine Lösung besitzt. Und für eine Zeile mit n Elementen auf jeder Seite des Gleichheitszeichens existiert eine Lösung, die (-1)

```
                    a = a
                a + b = a × b
            a + b + c = a × b × c
        a + b + c + d = a × b × c × d
    a + b + c + d + e = a × b × c × d × e
a + b + c + d + e + f = a × b × c × d × e × f
                  ... etc ...
```

Einsen, eine Zwei und ein n enthält. Die Lösungen für die ersten vier Zeilen sind nachfolgend aufgelistet:

```
a   b   c   d   e
2   2
1   2   3
1   1   2   4
1   1   1   2   5
```

Dr. Googol kann keine Aussage darüber machen, ob noch weitere Lösungen existieren oder aber ob Lösungen existieren, bei denen jede Variable einen anderen Wert besitzt.

39 Der Monolith von Madre de Dios

Eine mögliche Lösung dieses Problems besteht darin, jedem der auftretenden Zeichen einen numerischen Wert zuzuweisen: ♎ = 4, ♍ = 3, ♐ = 2, ♑ = 1. In jeder Reihe entspricht die Nummer des Symbols am rechten Rand dann der Summe aus dem ersten und zweiten Wert minus dem dritten und vierten Wert. Eine mögliche Lösung ist demzufolge, das fehlende Symbol durch ♑ zu ersetzen.

40 3 bizarre Probleme mit der 3

Das erste Problem kann gelöst werden, indem man eine arithmetische Reihe der Form $a_1 = 1$, $a_2 = 2$, $a_3 = 3$, $a_n = a_{n-3} + a_{n-2} + a_{n-1}$ für $n \geq 4$ definiert. Die Summe jeder Zeile des ursprünglichen Rätsels entspricht der Summe ihrer Ziffern. Das bedeutet, dass die Summe der Ziffern in jeder Zeile gleich der Summe der Ziffern in den drei vorangehenden Zeilen ist. Sie können auf der Basis dieser Information ein Programm schreiben, das die Summe der 30. Zeile berechnet; sie beträgt 45 152 016.

Das Problem zwei lässt vermuten, dass keine weiteren Atomsorten hinzukommen. Joseph Zbiciak sagt sogar voraus, welche Sorten wir in der 30. Zeile antreffen werden: Die Sorte „3" existiert nur am Ende jeder Zeile. Daher wird sie auch in Zeile 30 anzutreffen sein. Die Sorten „31" und „331" sind beide immer in jeder Zeile vor der 30. zu finden. Sie werden demzufolge also auch in der 30. Zeile anzutreffen sein, weil die mittleren Teile einer jeden Zeile einfach nur dupliziert, nicht aber modifiziert werden. Die Spezies „1" taucht nur in jeder dritten Zeile auf, wobei sie nur in den Reihen auftaucht, die zusätzlich noch mod(3) = 1 erzeugen. Da die Zeile 30 aber wegen 30 mod(3) = 0 nicht dazu gehört, wird sich hier diese Sorte eben *nicht* finden. Daher werden wir nur die Sorten „3", „31" und „331" in Reihe 30 entdecken.

Eine exakte Lösung des Problems 30 ist bis heute noch nicht formuliert worden. Es scheint aber, als erzwänge der Algorithmus ein „Aussterben" der Spezies „1" und füge gleichzeitig Dreien am Ende jeder Zeile hinzu. Daher ist ein Zuwachs der Form „3331", „33331", „333331" usw. zu erwarten. Zbiciak sagt in diesem Fall voraus, dass in Reihe 30 alle Spezies von „3" über „31", „331", „3331" bis hin zu „33333333333333333333333333333331" anzutreffen sind.

Literatur

1 DIE ATTACKE DER AMATEURE

Cole, K.C.: „Beating the pros to punch". *Los Angeles Times* 11. März 1998, A1:1.

Holden, C.: „Making e easy". In: *Science* (1998) 282 (5393):1409.

Mauldin, R.D.: „A generalization of Fermat's last theorem: The Beal conjecture and prize problem". In: *Notices of the American Mathematical Society* (1997) 44: 1436.

Peterson, I.: „Picking off more pieces of pi". In: *Science News* (1998) 154 (16):225.

Peterson, I.: „Pi by billions". In: *Science News* (1999) 156 (16):255.

Stewart, I.: „Most-perfect magic squares". In: *Scientific American* (1999) 281 (5):122–123.

2 DER ULTIMATIVE BIBELCODE

Gardner, M.: „A quarter-century of recreational mathematics". In: *Scientific American* (1998) 279 (2):68–75.

7 DIE FLÖTENSPIELER VON PAPUA

Allouche, J.-P. und Shallit, J.: „The ubiquitous Prouhet-Thue-Morse sequence". In: *Sequences and Their Applications: Proceedings of SETA 1998*. New York (1999) 1–16.

8 INTERVIEW MIT EINER ZAHL

Pickover, C.: „Vampire Numbers". In: *Theta* (1995) 9(1): 11–13.

Pickover, C.: „Interview with a number". In: *Discover* (1995) 16(6): 136.

Roushe, F.W. und Rogers, D.G.: „Tame vampires". In: *Mathematical Spectrum* (1997/98) 30: 37–39.

9 HARTNÄCKIGE ZAHLEN

Guy, R.: *Unsolved Problems in Number Theory*. New York 1981.

Sloane, N.: „The persistence of a number". In: *Journal of Recreational Mathematics* (1973) 6: 97–98.

12 Eine Rangliste der 10 einflussreichsten Mathematiker, die je gelebt haben

O'Connor, John J. und Robertson, Edmund F.: „Biographies of mathematicians", http://www-history.mcs.st-and.ac.uk/history/BiogIndes.html

Singh, S.: *Fermat's Last Theorem*. London 1997.

14 Hagelschlag-Zahlen

Crandall, R.: „On the „3x + 1" problem". In: *Mathematic of Computation* (1978) 32: 1281–1292.

Garner, L.: „On the Collatz 3n + 1 problem". In: *Proceedings of the American Mathematics Society* (1981) 82: 19–22.

Hayes, B.: „Computer Recreations: On the ups and downs of hailstone numbers". In: *Scientific American*(1984) 250: 10–16.

Legarias, J.: „The 3x + 1 problem and its generalizations". In: *American Mathematics Monthly* (1985) (3):3–23.

Pickover, C.: „Hailstone (3n + 1) number graphs". In: *Journal of Recreational Mathematics* (1989) 21 (2): 112–115.

Wagon, S.: „The Collatz Problem". In: *Mathematical Intelligencer (1985)* 7: 72–76.

15 Die unglaubliche Jagd nach zweifach glatt undulierenden natürlichen Zahlen

Ashbacher, C.: „Smoothly undulating integers in more than one base". In: *Journal of Recreational Mathematics* (1994) 26 (2): 105–106.

Pickover, C.: „Is there a double smoothly undulating integer?" In: *Journal of Recreational Mathematics* (1990) 22 (1): 77–78.

Robinson, D.F.: „There are no double smoothly undulating integers in both decimal and binary representation". In: *Journal of Recreational Mathematics* (1994) 26 (2): 102–103.

Schwartz, B.: „More on smoothly undulating integers". In: *Journal of Recreational Mathematics* (1994) 26(2): 108–109.

Shiriff, K.: „Comments on double smoothly undulating integers". In: *Journal of Recreational Mathematics* (1994) 26 (2): 103–104.

Triggs, C.: „Palindromic octagonal numerals". In: *Journal of Recreational Mathematics* (1982/83) 15 (1): 41–46.

16 Vom Schönen, der Symmetrie und den Pascalschen Dreiecken

Bidwell, J.: „Pascal's triangle revisited". In: *Mathematics Teacher* (1973) 66: 448–452.

Bondarenko, B.: *Patterns in Pascal's Triangle*. 1990. (Eine bibliographische Liste von 406 Veröffentlichungen rund um das Pascalsche Dreieck. Mehr Informationen erhalten Sie bei: Professor B.A. Bondarenko, Institute of Cybernetics, Academy of Science, Usbekistan, Ul. F. Hodgaeva 34, Taschkent- 143, 700143 Usbekistan.)

Dudley, U.: „An infinite triangular array". In: *Mathematics magazine* (1987) 61 (5): 316–317.
Edward, A.: „Pascal's triangle – and Bernoulli's and Vieta's". In: *Mathematical Spectrum* (1988) 33–37.
Gardner, M.: „Pascal's triangle". In: *Mathematical Carnival*. New York 1977.
Gorden, J., Goldman, A. und Maps, J.: „Superconducting-normal phase boundary of a fractal in a magnetic field". In: *Physical Review Letters* (1986) 56: 2280–2283.
Holter, N. u.a.: „On a new class of planar fractals: The Pascal-Sierpinski gaskets". In: *Journal of Physics A: Mathematics General* (1986) 19: 1753–1759.
Jansson, L.: „Spaces, functions, polygons, and Pascal's triangle". In: *Mathematics Teacher* (1973) 66: 71–77.
Lakhtakia, A. u.a.: „Fractal sequences derived from the self-similar extensions of the Sierpinski gasket". In: *Journal of Physics A: Mathematics General* (1988) 21: 1925–1928.
Mandelbrot, B.: *Die fraktale Geometrie der Natur*. Basel 1987.
Micolich, A. und Jonas, D.: „Fractal expressionism". In: *Physics World* (1999) 12 (10): 25–28.
Pickover, C.: „On the aesthetics of Sieprinski gaskets formed from large Pascal's triangles". In: *Journal of Recreational Mathematics* (1990) 25(3): 202–205.
Pickover, C.: „On Computer graphics and the aesthetics of Sierpinksi gaskets formed from large Pascal's triangles". In: *The Visual Mind: Art and Mathematics*. Cambridge, Massachusetts 1993.
Pickover, C.: „Pascal's beast". In: *Journal of Recreational Mathematics* (1995) 27 (2): 81–82.
Spencer, D.: *Computers in Number Theory*. Rockville, Maryland 1982.
Usiskin, Z.: „Perfect square patterns in the Pascal triangle". In: *Mathematics Magazine* (1973) September-Oktober: 203–208.
Wolfram, S.: „Geometry of binominal coefficients". In: *American Mathematics Monthly* (1984) 91: 566–571.
Zhiqing, L.: „Pascal's pyramid". In: *Mathematical Spectrum* (1985) 17(1): 1–3.

17 Mordnilap-Zahlen

Bendat, J. und Persol, R.: *Measurement and Analysis of Random Data*. New York 1966.
Ellis, K.: *Number Power*. New York 1987 (122–123).
Gardner, M.: *Mathematical Circus*. New York 1979 (242–252).
Gruenberg, E.: „Computer Recreations". In: *Scientific American* (1984) (4) :19–26.
Kröber, G.: „Structure generation by palindromization". In: *Computers & Graphics* (1998) 22 (2/3): 307–317.

Pickover, C.: „Reversed numbers and palindromes". In: *Journal of Recreational Mathematics* (1991) 26 (4): 243–247.
Richardson, R. und Shannon, C.: „Palindrome pictures". In: *Computers & Graphics* (1996) 20 (4): 597–603.
Trigg, C.: „More on palindromes by reversal-addition." In: *Mathematics Magazine*. (1972) 45: 184–186.
Trigg, C.: „Versum sequences in the binary system". In: *Pacific Journal of Mathematics* (1973) 47: 263–275.

18 Gefangen im Hyperraum
Hanski, I. und Cambefort, Y.: *Dung Beetle Ecology*. Princeton, New Jersey 1991.
Heinrich, B.: „The ways of coprophiles". In: *Science* (1991) 254 (5033): 878–877.

19 Dreieckszahlen
Belier, A.: *Recreations in the Theory of Numbers*. New York 1966.
Guy, R.: „Every number is expressible as the sum of how many polygonal numbers?" In: *American Mathematics Monthly* (1994) 101 (2): 169–172.
Kordemsky, B.: *The Moscow Puzzle*. New York 1972.
Wells, D.: *The Penguin Dictionary of Curious and Interesting Numbers*. New York 1987. Viele der Formeln zu den Dreieckszahlen stammen aus diesem Buch.

21 Eine Heuschreckenplage
Guy, R.: „Don't try to solve these problems!" In: *American Mathematics Monthly* (1983) 90 (1): 35.

22 In Herrn Fibonaccis Nachbarschaft
Ashbacher, C.: „Repfigit numbers". In: *Journal of Recreational Mathematics* (1989) 21 (4): 310–311.
Esche, H.: „Non-decimal replicating Fibonacci digits". In: *Journal of Recreational Mathematics* (1994) 26 (3):193–195.
Heleen, B.: „Finding repfigits – a new approach". In: *Journal of Recreational Mathematics* (1994) 26 (3): 184–187.
Keith, M.: „Repfigit numbers". In: *Journal of Recreational Mathematics* (1987) 19 (1): 41–42.
Keith, M.: „All repfigit numbers less than 100 billion". In: *Journal of Recreational Mathematics* (1994) 26 (3). 181–184.
Peterson, I.: „Fibonacci at random". In: *Science News* (1999) 155 (24) 376–377.
Pickover C.: „All known replicating Fibonacci-digits less than one billion". In: *Journal of Recreational Mathematics* (1990) 22 (3):176–178.

Robinson, N.: „All known replicating Fibonacci digits". In: *Journal of Recreational Mathematics* (1994) 26 (3): 188–192.

Shirriff, K.: „Computing replicating Fibonacci digits". In: *Journal of Recreational Mathematics* (1994) 26 (3): 188–192.

Wagon, S.: „The Collatz problem". In: *Mathematical Intelligencer* (1985) 7: 72–76.

24 DIE -ZAHLEN VON LOS ALAMOS

Cooper, N.: *From Cardinals to Chaos.* New York 1988. Themen: Stan Ulam, Iterationen, Seltsame Attraktoren, Monte-Carlo Methoden, das menschliche Gehirn, Zufallszahlengeneratoren, Zahlentheorie und Genetik.

Guy, R.: *Unsolved Problems in Number Theory.* New York 1981.

Recamoan, B.: „Questions on a sequence of Ulam". In: *American Mathematics Monthly* (1973) 80: 913–920.

25 ERZEUGENDE ZAHLEN ♌

Guy, R.: *Unsolved Problems in Number Theory.* New York 1981.

Pickover, C. und Shirriff, K.: „The terrible two problems". In: *Theta: A Journal of Mathematics* (1992) 6 (2): 3–7

27 AUßERIRDISCHE ZUCHTVERSUCHE

Pennington, J.: „The red and white cows". In: *American Mathematics Monthly* (1957) 64 (3): 197–198.

Schroeder, M.: *Fractals, Chaos, Power Laws.* New York 1991.

29 VOLLKOMMENE, BEFREUNDETE UND ERHABENE ZAHLEN

Belier, A.: *Recreations in the Theory of Numbers.* New York 1966.

Brown, H. und Fleigel, H.: „Almost perfect numbers". In: *Journal of Recreational Mathematics* (1995) 27 (4): 255–261.

Hodges, L. und Reid, M.: „Three consecutive abundant numbers". In: *Journal of Recreational Mathematics* (1995) 27 (2): 156.

Spencer, D.: *Computers in Number Theory.* Rockville, Maryland 1982.

31 KARTEN, FRÖSCHE UND FRAKTALE FOLGEN

Conway, J.: *Some crazy sequences.* Auf Videoband am 15. Juli 1988 in den AT&T Bell Laboratorien aufgezeichnetes Gespräch.

Hofstadter, D. R.: *Gödel, Escher, Bach. Ein endloses geflochtenes Band.* München 1992.

Kimberling, C.: „Numeration systems and fractal sequences". In: *Acta Arithmetica* (1995) 73: 103–117.

Kimberling, C. und Shultz, H.: „Card sorting by dispersions and fractal sequences". In: *Ars Combinatoria.* Erscheint demnächst.

Kimberling, C.: „Fractal sequences and interspersions". In: *Ars Combinatoria* (1997) 45: 157–168.

Mallows,C.: „Conway's challenge sequence". In: *American Mathematics Monthly* (1991) (1) :5–20.
Pickover, C.: „The crying of fractal batrachion 1489". In: *Computers & Graphics* (1995) 19 (4): 611–615.
Schroeder, M.: *Fractals, Chaos, Power Laws.* New York 1991.

Register

Amateur 25, 29, 31
Ameise 187
Amor 40, 41, 187
Ashbacher, Charles 11, 82, 194
Außerirdischer 67, 135,
  136, 165, 166, 191, 223

Batrachion 20, 22, 158, 159,
  160, 235, 237, 238
Beal, Andrew 27
Becker, Craig 242
Bibelcode 33, 185
Brée, David 29
Brothers, Harlan 28

Cantor, Georg 76, 92
Cardano, Gerolamo 76
Clarkson, Roland 26

De Fermat, Pierre 27, 81
Descartes, René 27, 75, 76
Diskriminante 192
33333331 244
Dreieck 105
– Pascalsches 21, 95, 96,
  97, 98, 99, 100, 196
– Sierpinski 98, 99, 100

e 28, 29
Einstein, Albert 20, 73,
  80, 171
Erdös, Paul 19, 63, 67,
  91, 95, 124
Euklid 71, 72, 76, 229
Euler, Leonhard 28, 71, 72,
  81, 82, 192

Karten 223

Fibonacci, Leonardo 21, 96,
  120, 121, 123
Formel, wichtigste mathe-
  matische 77, 78
Fraktal 30, 33, 100, 196, 234
– Antenne 197
– Internetnutzung 198, 199
– Pollocks Kunst 199
– Zahlen
  – Folge 22, 153, 233
  – Sequenzen 155, 157, 234
Frosch 22, 153, 159, 160, 233,
  235, 236, 237

Galois, Évariste 74, 75
Gardner, Martin 10, 33,
  34, 77, 87, 96, 185
Gauß, Carl Friedrich 20,
  70, 205
Gödel, Kurt 76
Goldener Schnitt 155, 157,
  211, 223

Hilbert, David 72
Hummerverkäufer 167, 240
Hyperraum 105, 201
Käfig 107, 239

Kaczynski, Theodore 63,
  66, 67
Knox, John 28, 29

Quadrate 42, 107, 188
– Magische 9, 29

Mandelbrot-Menge 31, 32
Mathematiker, einflussreicher 64, 69, 75

Napier, John 76, 80
Nash, John 67, 68
Newton, Isaac 69, 70
Nicaragua 77, 79, 80

Ollerenshaw, Kathleen Dame 29, 30

Pascal, Blaise 21, 27, 76, 95
Percival, Colin 28, 29
Persistenz 53, 54
Pi (π) 16, 28, 72, 200
Poincaré, Jules Henri 73
Pollock, Jackson 199
Primzahl 9, 26, 61, 71, 74, 97, 124, 151, 212, 213, 224, 225, 226, 227, 228, 229, 231
Pythagoras 19, 65, 67, 80, 206

Ramanujan, Srinivasa 20, 64, 65, 67
Repfigit 122, 123, 210
Rice, Marjorie 26
Riemann, Bernhard 73

Smaragdgambit 171, 172, 241
Selbstähnlichkeit 47, 97, 99, 158
Sequenz
– Heuschrecke 117, 207
– Morse-Thue 45, 47, 189
– Signatur 234
Shirriff, Ken 195, 214, 215, 216, 217, 218
73939133 124, 212
Spinnen 35, 36, 37, 38, 39, 186

Ulam, Stanislaw 125, 128
Zahl
– Abundante 145
– Akte-X-Zahl 21, 114, 115, 207
– befreundete 21, 144, 145, 146, 147, 148, 150, 224, 230, 231
– Dreieck (Dreieckszahlen) 21, 109, 110, 111, 112, 113, 204, 205, 206
– erhabene 21, 144, 149, 224, 232
– erzeugende 128, 129, 216
– Fibonacci (Fibonacci-Zahlen) 18, 21, 96, 121, 122, 123, 196, 208, 211, 215, 222, 223
– selbst erschaffende 122
– Hagelschlag (Hagelschlag-Zahlen) 21, 87, 88, 89, 90, 91, 193, 194
– hartnäckige 53, 190
– Mordnilap-Zahl 101, 201
– Parasiten-Zahl 20, 132, 133, 219, 220, 221
– rationale 141, 142, 219, 235
– schizophrene 141, 143, 155
– Ulam-Zahl 126, 127, 213, 215
– undulierende 18, 92, 93, 94, 194, 195, 196
– Vampir-Zahl 51, 52, 189, 190
– vollkommene (perfekte) 21, 144, 146, 149, 150, 224, 226, 227, 228, 229, 232
Zahlentheorie 17, 18, 19, 27, 63, 64, 65, 70, 71, 73, 87, 88, 89, 114, 125, 144, 189
Zoo 165, 201, 202, 203, 239

Zum Autor

Da Sie ja schon etwas über Dr. Googol erfahren haben, wäre es vielleicht nicht schlecht, auch etwas über Clifford Pickovers Werdegang zu erfahren.

Clifford Pickover promovierte an der Fakultät für Molekulare Biophysik und Biochemie der Yale Universität. Er war Jahrgangsbester des Franklin und Marshall College, an dem er einen vierjährigen Studiengang in nur drei Jahren abschloss. Viele seiner Bücher sind ins Italienische, Deutsche, Japanische, Chinesische, Koreanische, Portugiesische und Polnische übertragen worden. Er ist Autor der Bücher und hat zudem noch über 200 Veröffentlichungen zu verschiedenen Themen aus Wissenschaft, Kunst und Mathematik publiziert.

Pickover ist zurzeit Mitherausgeber der wissenschaftlichen Journale *Computers & Graphics* und *Theta: Mathematics Journal* und gehört mit zum Gutachterkreis der Magazine *Odyssey, Idealistic Studies, Leonardo* und *YLEM*.

Sein Hauptinteresse liegt in der Verschmelzung von Kunst, Wissenschaft, Mathematik und anderer scheinbar nicht miteinander verbundener menschlicher Betätigungsfelder, um so immer neue Felder der Kreativität zu erschließen.

Die „Los Angeles Times" schrieb erst kürzlich, dass „Pickover fast jedes Jahr ein Buch veröffentlicht, in dem er die Grenzen von Computern, Kunst und Denken zu weiten versucht".

Dr. Pickover ist zurzeit Mitglied des Forschungs- und Entwicklungsteams am IBM T.J. Watson Research Center, wo er auch viele Auszeichnungen für Erfindungen und Verbesserungsvorschläge erhalten hat.

Zu seinen Hobbys gehören Ch'ang-Shih Tai-Chi Ch'uan und Shaolin Kung Fu, die Zucht von Goldenen und Grünen Severinen (großen Fischen des Amazonasgebietes) und Klavierspielen (hauptsächlich Jazz). Er ist außerdem noch Mitglied bei SETI, der Gruppe von Weltraumlauschern und Signalauswertern, die das All nach Anzeichen außerirdischen Lebens absuchen. Seine Webadresse lautet: http://www.pickover.com. Seine Postanschrift ist: P.O. Box 549, Millwood, New York 10546–0549, USA.

Annemarie Schimmel/Franz Carl Endres
Das Mysterium der Zahl
Zahlensymbolik im Kulturvergleich
Diederichs Gelbe Reihe Band 52, 344 Seiten, Paperback

Jede Hoch- und jede Alltagskultur und fast alle Religionen haben ihre Zahlengeheimnisse – Maya und Azteken, Altägypter, Inder und Chinesen, Christen, Juden und Moslems. Spätere Kulturen haben dabei reichlich aus den früheren geschöpft: das Christentum aus den Astralkulturen der Babylonier, viele Kulturen aus dem pythagoreischen und kabbalistischen Denken. Das Buch ist eine Symbolkunde, in dem die Bedeutung jeder Zahl erörtert wird, jede differenziert nach Kulturbereichen. Ein spannendes und verlässliches Begleitbuch auf der Entdeckungsreise in die Welt der Zahlen.

DIEDERICHS

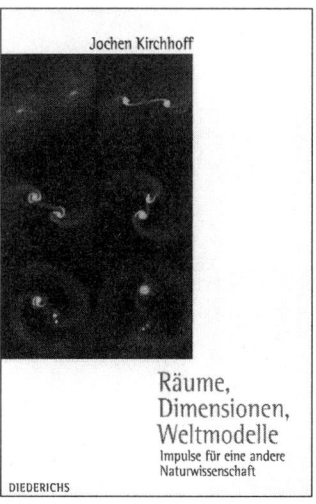

Jochen Kirchhoff
Räume, Dimensionen, Weltmodelle
Impulse für eine andere Naturwissenschaft
Diederichs New Science, 336 Seiten, Paperback

Der Zen-Weg einer neuen Physik und Kosmologie und zu einem wirklichen Verständnis dieser Welt.
Jochen Kirchhoff zeigt, dass der Urknall ein Phantasiegebilde ist, weist nach, wo Einstein irrte, und erklärt, warum die Quantentheorie mehr verschleiert als erhellt. Mit seinem Buch werden erstmals die Phänomene ‚Anziehungskraft', ‚Licht' und ‚kosmische Bewegung' umfassend verstehbar. Es ist ein Muss für alle, die sich für die New Sciences wie auch für die Kritik an den bestehenden Naturwissenschaften interessieren.

DIEDERICHS